U0269054

电磁场与微波仿真实验教程

赵玲玲 杨亮 张玉玲 王丽丽 编著

清华大学出版社

北京

内 容 简 介

本书由电磁场与微波技术两部分实验内容组成。实验一到实验四是电磁场硬件实验。包括电磁波感应器的设计与制作、电磁波传播特性实验等。实验五到实验十一是电磁场软件实验。包括电磁场中的基本运算、点电荷的电场与电势分布仿真等。实验十一到实验二十是微波技术硬件实验。本部分主要从工程应用的角度出发,重点对几类具有代表性的微波无源元器件的相关特性进行实验测量。包括环行器、定向耦合器等。实验二十一到二十三是微波技术软件实验。包括矩形波导 TE10 的仿真、魔T 的设计与仿真等。

本书封面贴有清华大学出版社防伪标签,无标签者不得销售。

版权所有,侵权必究。举报:010-62782989, beiqinquan@tup.tsinghua.edu.cn。

图书在版编目(CIP)数据

电磁场与微波仿真实验教程/赵玲玲等编著. —北京:清华大学出版社,2017(2022.1重印)
 ISBN 978-7-302-47784-6

Ⅰ.①电… Ⅱ.①赵… Ⅲ.①电磁场—实验—高等学校—教材 ②微波技术—仿真—实验—高等学校—教材 Ⅳ.①O441.4 ②TN015-33

中国版本图书馆 CIP 数据核字(2017)第 168522 号

责任编辑:梁　颖
封面设计:常雪影
责任校对:李建庄
责任印制:刘海龙

出版发行:清华大学出版社
　　　　网　　　址:http://www.tup.com.cn, http://www.wqbook.com
　　　　地　　　址:北京清华大学学研大厦 A 座　　　　邮　　　编:100084
　　　　社 总 机:010-62770175　　　　邮　　　购:010-83470235
　　　　投稿与读者服务:010-62776969, c-service@tup.tsinghua.edu.cn
　　　　质量反馈:010-62772015, zhiliang@tup.tsinghua.edu.cn
　　　　课件下载:http://www.tup.com.cn,010-83470236
印　刷　者:北京富博印刷有限公司
装 订 者:北京市密云县京文制本装订厂
经　　销:全国新华书店
开　　本:185mm×230mm　　印　张:8.25　　　　字　　数:119 千字
版　　次:2017 年 12 月第 1 版　　　　印　　次:2022 年 1 月第 7 次印刷
定　　价:39.00 元

产品编号:073226-01

前　言

FOREWORD

　　"电磁场与微波技术实验教程"是电子、通信、电气等专业本科生必修的一门专业基础课,课程涵盖的内容是电子、通信、电气等专业所应具备的知识结构的重要组成部分。

　　本书包括电磁场与微波技术两部分实验内容。实验一到实验四是电磁场硬件实验。电磁场硬件实验使学生能够透彻地了解法拉第电磁感应定律、电偶极子、天线基本结构及其特征等重要知识点,深刻理解电磁感应定律的原理和作用,深刻理解电偶极子和电磁波辐射的原理,掌握电磁波测量技术原理和方法,帮助学生建立电磁波的形象思维方式,加深和加强学生对电磁波产生、发射、传输、接收过程,培养学生对电磁波分析和应用的创新能力。实验五到实验十一是电磁场软件实验。电磁场软件实验根据电磁场课程的现状,在实验中引入 MATLAB 软件。借助 MATLAB 模拟和实现结构的可视化,把抽象概念变得清晰,对复杂公式进行计算和绘图,动态直观地描述了电磁场的分布和电磁波传播状态,帮助学生理解和掌握电磁场传播的规律,有助于学生对这门课程的理解。本书利用 MATLAB 对点电荷的电场、静态场的边值、环形载流回路轴线上磁感应强度等进行了仿真。实验十一到实验二十是微波技术硬件实验。本部分主要从工程应用的角度出发,重点对几类具有代表性的微波无源元器件的相关特性进行实验测量。射频和微波技术实验的基本教学要求是了解射频和微波的传输特性,掌握射频和微波功率、频率、波导波长、驻波比及衰减、相位等的测量方法,了解射频和微波技术的简单应用。定向耦合器本身的特性参量定义简单,被测量均为基本测量量,测量理论与方法简单且容易接受;仪器使用方法简单,不必经过调谐等烦琐过程,有助于学生把精力放在对射频和微波实质的理解和射频及微波技术的应用上。开设相关微波元器件的实验十分必要,有助于引导学生初步领会技术开发的思路,也有利于提高学生思维的开阔性和系统性,培养创新意识和开拓精神。实验二十一到二十三是微波技术软件实验。HFSS 提供了简洁直观的用户设计界面、精确自适应的场解器、拥有空前电性能分析能力的功能强大后处理器,能计算任意形状三维无源结构的 S 参数和全波电磁场。通过本部分的学习,学生可利用 HFSS 软件加强对微波器件以及天线相关知识的理解,提高在射频领域的应用能力,理论联系实际,提高分析问题、解决问题和进行科学实验的独立工作能力。

　　本书前十一个实验由赵玲玲执笔,后十二个实验由杨亮执笔。

　　本书经张玉玲和王丽丽审阅,提出不少宝贵意见。本书在编写过程中也得到学院领导和程月波、臧睦君等教师的支持与协助,谨在此表示衷心的感谢。

　　由于编写时间仓促,加上编者的水平有限,书中不当之处在所难免,希望读者不吝批评指正。

赵玲玲

2017 年 4 月

目 录

CONTENTS

电磁波感应器的设计与制作

1.1　实验目的

（1）认识时变电磁场，理解电磁感应的原理和作用。

（2）通过电磁感应装置的设计，初步了解天线的特性及基本结构。

（3）理解电磁波辐射原理。

1.2　实验原理

随时间变化的电场在空间产生磁场。同样，随时间变化的磁场也在空间产生电场。电场和磁场构成了统一的电磁场的两个不可分割的部分。能够辐射电磁波的装置称为天线，用功率信号发生器作为发射源，通过发射天线产生电磁波。

如果将另一个天线置于电磁波中，就能在天线体上产生高频电流，可以称为接收天线，接收天线离发射天线越近，电磁波功率越强，感应电动势越大。如果用小功率的白炽灯泡接入天线馈电点，能量足够时就可使白炽灯发光。接收天线和白炽灯构成一个完整的电磁感应装置,如图 1-1 所示。

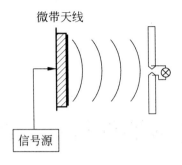

图 1-1　电磁感应装置

电偶极子是一种基本的辐射单元,它是一段长度远小于波长的直线电流元,线上的电流均匀同相,一个做时谐振荡的电流元可以辐射电磁波,故又称为元天线,元天线是最基本的天线。电磁感应装置的接收天线可采用多种天线形式,相对而言性能优良,且又容易制作,成本低廉的有半波天线、环形天线、螺旋天线等,如图 1-2 所示。

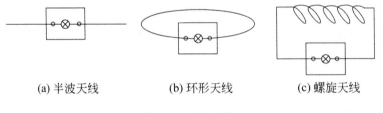

(a) 半波天线　　　　　　(b) 环形天线　　　　　　(c) 螺旋天线

图 1-2　接收天线

本实验重点介绍其中的一种——半波天线。

半波天线又称半波振子,是对称天线的一种最简单的模式。对称天线(或称对称振子)可以看成是由一段末端开路的双线传输线形成的。这种天线是最通用的天线形式之一,又称为偶极子天线。而半波天线是对称天线中应用最为广泛的一种天线,它具有结构简单和馈电方便等优点。

半波振子因其一臂长度为 $\lambda/4$,全长为半波长而得名。其辐射场可由两根单线驻波天线的辐射场相加得到,于是可得半波振子的远区场强,归一化方向性函数为:

$$|E| = \frac{60I}{r}\frac{\cos\left(\frac{\pi}{2}\cos\theta\right)}{\sin\theta} = \frac{60I}{r}f(\theta)$$

式中，$f(\theta)$ 为方向性函数，对称振子归一化方向性函数为：

$$|F(\theta)| = \frac{|f(\theta)|}{|f(\theta)|_{\max}} = \left|\frac{\cos\left(\frac{\pi}{2}\cos\theta\right)}{\sin\theta}\right|$$

由上式可画出半波振子的方向图如图 1-3 所示。

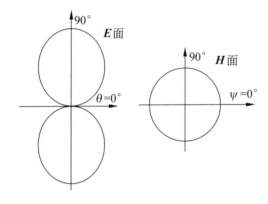

图 1-3　半波振子的方向图

半波振子方向函数与 ϕ 无关，故在 **H** 面上的方向图是以振子为中心的一个圆，即为全方向性的方向图。在 **E** 面的方向图为 8 字形，最大辐射方向为 $\theta = \pi/2$，且只要一臂长度不超过 0.625λ，辐射的最大值始终在 $\theta = \pi/2$ 方向上；若继续增大 L，辐射的最大方向将偏离 $\theta = \pi/2$ 方向。

1.3　实验内容

（1）打开功率信号发生器电源开关，Signal 灯亮，机器工作正常，按下 Tx 按钮，观察功率指示表有一定偏转，此时 Standby 灯亮，说明发射正常。

（2）用金属丝制作天线体，用螺丝固定于感应灯板（或电流表检波板）两端，并安放到测试支架上，调节感应板的角度，使其与发射天线的极化方向一致。调节测试支架滑块到最右端，按下功率信号发生器上的 Tx 按钮，同时移动测试支架滑块，靠近发射天线，直到小灯刚发光时，记录下滑块与发射天线的距离。

（3）改变天线振子的长度，重复上面过程，记录数据，得出灯泡亮暗（用亮、较亮和暗）与天线长度、半波天线与极化天线距离之间的关系。

（4）选用其他天线形式制作感应器，重复上面过程，记录数据在表 1-1 中。

表 1-1 实验数据

次数	天线形式	天线长度	接收距离	灯泡亮暗情况
1				
2				
3				
4				

1.4 注意事项

（1）按下 Tx 按钮时，若 Alarm 红色报警灯亮，应立即停止发射，检查电缆线与发射天线接口是否旋紧，其余接口是否用封闭帽盖上，Output 接口与电缆是否接好，或请老师检查，否则会损坏机器。

（2）测试感应器时，不能将感应灯靠近发射天线的距离太小，否则会烧毁感应灯（置于 20cm 以外，或视感应灯亮度而定）。

（3）尽量减少按下 Tx 按钮的时间，以免影响其他小组的测试准确性。

（4）测试时尽量避免人员走动，以免人体反射影响测试结果。

1.5 实验报告要求

（1）按照标准实验报告的格式和内容完成实验报告。

（2）制作两种以上天线，观察接收效果。画出天线形状，记录接收距离。

（3）对实验中的现象分析讨论。

（4）提出改进意见及建议。

1.6　接收天线参考形状

电磁感应装置的接收天线可采用图 1-2 中的天线形式,也可以参考图 1-4 中的天线形式。

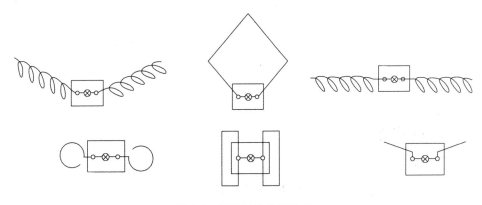

图 1-4　接收天线参考形式

实验二

电磁波传播特性实验

2.1 实验目的

（1）学习了解电磁波的空间传播特性。

（2）通过对电磁波波长、波幅、波节、驻波的测量，进一步认识和了解电磁波。

2.2 实验原理

变化的电场和磁场在空间的传播称为电磁波。几列不同频率的电磁波在同一媒质中传播时，可以保持各自的特点（波长、波幅、频率、传播方向等），在同时通过媒质时，在几列波相遇或叠加的区域内，任意一点的振动为各个波单独在该点产生振动的合成。而当两个频率相同、振动方向相同、相位差恒定的波源所发出的波叠加时，在空间总会有一些点振动始终加强，而另一些点振动始终减弱或完全抵消，因而形成干涉现象。

干涉是电磁波的一个重要特性，利用干涉原理可对电磁波传播特性进行很好的探索。而驻波是干涉的特例。在同一媒质中两列振幅相同的相干波，在同一直线上反向传播时就叠加形成驻波。

由发射天线发射出的电磁波，在空间传播过程中可以近似看成均匀平面波。此平面波垂直入射到金属板，被金属板反射回来，到达电磁波感应器；直射波也可直接到达电磁波感应器，这两列波将形成驻波，两列电磁波的波程差满足一定关系时，在感应器位置可以产生波腹或波节。

设到达电磁感应器的两列平面波的振幅相同，只是因波程不同而有一定的相位差，电场可表示为：

$$E_x = E_m \cos(\omega t - kz)$$
$$E_y = E_m \cos(\omega t + kz + \delta)$$

其中，$\delta = \beta z$ 是因波程差而造成的相位差。

则当相位差 $\delta = \beta z_1 = n\pi (n=0,1,2,\cdots)$ 时，合成波的振幅最小，z_1 的位置为合成波的波节；相位差 $\delta = \beta z_2 = (2n+1)\pi/2 (n=0,1,2,\cdots)$ 时，合成波的振幅最大，z_2 的位置为合成波的波腹。

实际上到达电磁感应器的两列波的振幅不可能完全相同，故合成波波腹振幅值不是 2 倍单列波的振幅值，合成波的波节值也不是恰好为 0。

根据以上分析，若固定感应器，只移动金属板，即只改变第二列波的波程，让驻波得以形成，当合成波振幅最小（波节）时：

$$z_1 = n\pi/\beta = n\lambda/2$$

当合成波振幅最大（波腹）时：

$$z_1 = \left(n + \frac{1}{2}\right)\pi/\beta = (2n+1)\lambda/4$$

此时合成波振幅最大到合成波振幅最小（波腹到波节）的最短波程差为 $\lambda/4$，若此时可动金属板移动的距离为 ΔL，则：

$$\Delta L = \lambda/4$$

即：

$$\lambda = 4\Delta L$$

可见,测得了可动金属板移动的距离为 ΔL,代入式中便确定电磁波波长。

例如,按下功率信号 Tx 按钮,移动金属反射板,记录下感应灯最亮时的刻度值 X_1,继续向前移动金属反射板,记录下感应灯最暗时的刻度值 X_2,则 $2|X_1-X_2|=\lambda/2$,计算出电磁波波长 $\lambda=4|X_1-X_2|$,则算出电磁波频率 $f=c/(4|X_1-X_2|)$。

注意:至少测试 3 组数据,求平均值之后再计算波长。

2.3　实验内容

实验装置如图 2-1 所示。

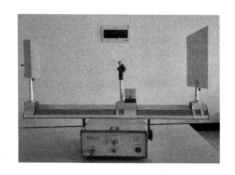

图 2-1　电磁波教学综合实验仪

(1) 将设计制作的电磁波感应器(天线)安装在可旋转支臂上,调节其角度与发射天线的极化方向一致,再将支臂滑块移到距离发射天线分别为 30cm、35cm、40cm 刻度处。

(2) 开启电磁波教学综合实验仪开关(Power),按 Tx 按钮,此时发射天线板已有电磁波发射出来。

(3) 移动反射板,观察天线上的灯是否有明暗变化。如果没有,检查天线角度是否与发射天线极化方向一致;如果还没有明暗变化,再将支臂滑块移到距离发射天线近一点。

(4) 如系统正常工作,从远到近移动反射板,使灯泡明暗变化。以灯泡明暗度判断波节(波腹)的出现。

先将天线固定于位置 1,由远及近移动反射板,记录下灯泡两个相邻最亮时反射板位置的坐标(波腹点),其距离为 $\lambda/2$。再将天线固定于位置 2,重复上述过程。最后,将天线固定于位置 3,重复上述过程。将测量数记入表 2-1 中。

表 2-1　实验数据

次数	天线位置(cm)	波腹点 1(cm)	波腹点 2(cm)	波长(cm)	平均波长(cm)	频率(Hz)
1						
2						
3						

2.4　注意事项

(1) 按下 Tx 按钮时,若 Alarm 红色报警灯亮,应立即停止发射,检查电缆线与发射天线接口是否旋紧,其余接口是否用封闭帽盖上,Output 接口与电缆是否接好,或请老师检查,否则会损坏仪器。

(2) 测试感应器时,不能将感应灯靠近发射天线的距离太小,否则会烧毁感应灯(置于 20cm 以外,或视感应灯亮度而定)。

(3) 尽量减少按下 Tx 按钮的时间,以免影响其他小组的测试准确性。

(4) 测试时尽量避免人员走动,以免人体反射影响测试结果。

2.5　实验报告要求

(1) 按照标准实验报告的格式和内容完成实验报告。

(2) 用自制的接收天线,分别用白炽灯和电流表测量电磁波的波长,并计算出电磁波的频率。

(3) 对实验中的现象分析讨论,并对实验误差产生的原因进行分析。

(4) 提出改进意见及建议。

实验三

电磁波的极化实验

3.1 实验目的

（1）研究几种极化波的产生及其特点。

（2）制作电磁波感应器，进行极化特性实验，与理论结果进行对比、讨论。

（3）通过实验，加深对电磁波极化特性的理解和认识。

3.2 实验原理

电磁波的极化是电磁理论中的一个重要概念，它表示在空间给定点上电场强度矢量的取向随时间变化的特性，并用电场强度矢量 E 的端点在空间描绘出的轨迹来表示。由其轨迹方式可得电磁波的极化方式有三种：线极化、圆极化和椭圆极化。极化波都可看成由两个同频率的直线极化波在空间合成，如图 3-1 所示。设两线极化波沿＋Z 方向传播，一个极化波取向在 X 方向，另一个极化波取向在 Y 方向。若 X 在水平方向，Y 在垂直方向，这两个波就分别为水平极化波和垂直极化波。

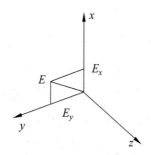

图 3-1 电磁波的极化方式

若水平极化波为：

$$E_x = E_{xm}\sin(\omega t - kz)$$

垂直极化波为：

$$E_y = E_{ym}\sin(\omega t - kz + \delta)$$

其中，E_{xm}、E_{ym} 分别是水平极化波和垂直极化波的振幅，取水平极化波为参考相面，δ 是 E_y 超前 E_x 的相角。

取 $z=0$ 的平面分析，有：

$$E_x = E_{xm}\sin(\omega t)$$
$$E_y = E_{ym}\sin(\omega t + \delta)$$

综合得：

$$aE_x^2 - bE_xE_y + cE_y^2 = 1$$

其中，a、b、c 为水平极化波和垂直极化波的振幅 E_{xm}、E_{ym} 和相角 δ 有关的常数。

此式为一般化椭圆方程，它表明由 E_x、E_y 合成的电场矢量终端画出的轨迹是一个椭圆。在满足不同条件时，形成三种极化波。

（1）当两个线极化波同相或反相时，其合成波是一个线极化波。

（2）当两个线极化波振幅相等，相位相差 $\pi/2$ 时，其合成波是一个圆极化波。

（3）当两个线极化波振幅不等或相位差不为 $\pi/2$ 时，其合成波是一个椭圆极化波。

实验一所设计的半波振子天线接收(发射)的波为线极化波;而最常用的接收(发射)圆极化波或椭圆极化波的天线为螺旋天线。实际上一般螺旋天线在轴线方向不一定产生圆极化波,而是椭圆极化波。当单位长度的螺圈数 N 很大时,发射(接收)的波可看作是圆极化波。

极化波需要重视的是极化的旋转方向问题。一般规定,面对电磁波传播的方向(无论是发射或接收),电场沿顺时针方向旋转的波称为右旋圆极化波,逆时针方向旋转的波称为左旋圆极化波,如图 3-2 所示。右旋螺旋天线发射或接收右旋圆极化波效果较好,左旋螺旋天线发射或接收左旋圆极化波效果较好。螺旋天线绕向的判断方法:沿着天线辐射方向,当天线的绕向符合右手螺旋定则时,为右旋圆极化,反之为左旋圆极化。

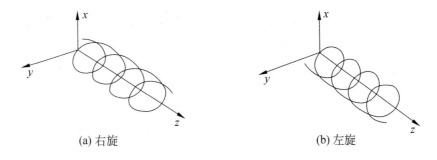

(a) 右旋　　　　　　　　　　　　(b) 左旋

图 3-2　圆极化波

3.3　实验内容

实验装置如图 3-3 所示。

(1) 将一个发射天线架设在发射支架上,连接好发射电缆,开启电磁波教学综合实验仪开关(Power),电缆线一端接输出端口(Output),另一端分别接发射天线的垂直、水平和圆极化端口。

(2) 将电磁波感应器安装在测试支架上,分别设置成垂直、水平、斜 45°三

图 3-3 电磁波极化实验装置

种位置,按下 Tx 发射按钮,并移动感应器滑块,观察灯泡由亮到不亮时距发射天线的距离,并记录数据在表 3-1 中。

表 3-1 实验数据

极 化 形 式	接收距离(cm)			接口标号
	水平	垂直	45°	
垂直极化				
水平极化				
圆极化(左旋)				
圆极化(右旋)				

（3）分析实验数据,判断发射天线发出的电磁波的极化形式。

3.4 注意事项

（1）按下 Tx 按钮时,若 Alarm 红色报警灯亮,应立即停止发射,检查电缆线与发射天线接口是否旋紧,其余接口是否用封闭帽盖上,Output 接口与电缆是否接好,或请老师检查。否则会损坏机器。

（2）测试感应器时,不能将感应灯靠近发射天线的距离太小,否则会烧毁感应灯（置于 20cm 以外,或视感应灯亮度而定）。

（3）避免与相邻小组同时按下 Tx 按钮,尽量减少按下 Tx 按钮的时间,以免相互影响测试准确性。

（4）测试时尽量避免人员走动，以免人体反射影响测试结果。

3.5　实验报告要求

（1）按照标准实验报告的格式和内容完成实验报告。

（2）用自制的接收天线，对应不同的天线极化波接口，调整感应器的角度，用电流表或灯泡记录感应器的最大接收距离，分析电磁波的极化形式。

（3）讨论电磁波不同极化收发的规律。

（4）提出实验改进意见和建议。

实验四

天线方向图测量实验

4.1 实验目的

(1) 通过天线方向图的测量,理解天线方向性的含义。

(2) 了解天线方向图形成和控制的方法。

(3) 掌握描述方向图的主要参数。

4.2 实验原理

天线的方向图是表示天线的辐射特性(场强振幅、相位、极化)与空间角度关系的图形。完整的方向图是一个空间立体图形,如图 4-1 所示。

它是以天线相位中心为球心(坐标原点),在半径足够大的球面上,逐点测定其辐射特性绘制而成的。测量场强振幅,就得到场强方向图;测量功率,就得到功率方向图;测量极化就得到极化方向图;测量相位就得到相位方向图。若不另加说明,本节中所述的方向图均指场强振幅方向图。空间方向图

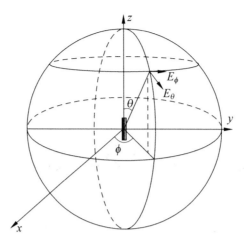

图 4-1　立体方向图

的测绘十分麻烦,实际工作中,一般只需测得水平面和垂直面的方向图就可以了。

绘制天线的方向图可以用极坐标、直角坐标和立体方向图。极坐标方向图的特点是直观、形象,从方向图可以直接看出天线辐射场强的空间分布特性。但对方向性强的天线难于精确表示,直角坐标绘制法显示出更大的优点。因为表示角度的横坐标和表示辐射强度的纵坐标均可任意选取,例如即使不到 1° 的主瓣宽度也能清晰地表示出来,而极坐标却无法绘制。一般绘制方向图时都是经过归一化的,即径向长度(极坐标)或纵坐标值(直角坐标)是以相对场强 $E(\theta,\varphi)/E_{\max}$ 表示。这里,$E(\theta,\varphi)$ 是任意一个方向的场强值,$E_{\max}$ 是最大辐射方向的场强值。因此,归一化最大值是 1。对于极低副瓣电平天线的方向图,大多采用分贝(dB)值表示,归一化最大值取为 0dB。图 4-2 为同一天线方向图的两种坐标表示法。

本实验测量一种天线的方向图,由功率信号发生器激励产生电磁波,被测天线作接收,被测天线置于可以水平旋转的实验支架上,接收到的高频信号经检波后送给电流指示器显示。

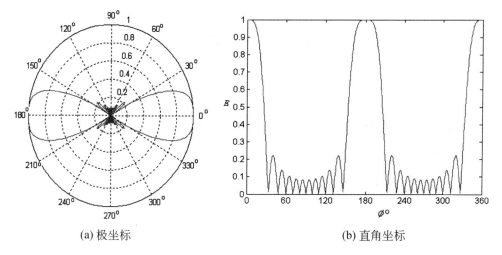

(a) 极坐标　　　　　　　　　　(b) 直角坐标

图 4-2　方向图表示法

4.3　实验内容与步骤

（1）打开功率信号发生器电源开关，Signal 灯亮，机器工作正常，按下 Tx 按钮，观察功率指示表有一定偏转，说明发射正常。

（2）将检波天线架设于极化支架上，连接好天线到电流表的电缆，按下 Tx 按钮，电流表应有一定指示，说明接收部分工作正常。

（3）设定被测天线的架设距离，使天线旋转 360°的电流读数在量程范围内。

（4）固定被测天线位置，按一定角度连续旋转天线支架，读出每个步进角度对应的电流表指示值。

（5）将测量数据在直角坐标系中画出天线的方向图，并在图上读出方向图的主瓣宽度和副瓣电平。

4.4　注意事项

（1）按下 Tx 按钮时，若 Alarm 红色报警灯亮，应立即停止发射，检查波段插口与波段开关是否对应，发射天线是否接好，或请老师检查。否则会损坏机仪器。

（2）尽量减少按下 Tx 按钮的时间，以免影响其他小组的测试准确性。

（3）测试时尽量避免人员走动，以免人体反射影响测试结果。

4.5 实验报告要求

（1）画出实验测试原理框图。

（2）数据记录与处理。

① 分别在 **E** 面和 **H** 面旋转被测天线，将数据记录入表 4-1 中。

表 4-1 实验数据

	角度（°）	0	10	20	30	40	50	60	70	80	90	100	110	120	130	140	150	160	170	180
E 面	电流																			
	角度（°）	190	200	210	220	230	240	250	260	270	280	290	300	310	320	330	340	350	360	
	电流																			
H 面	角度（°）	0	10	20	30	40	50	60	70	80	90	100	110	120	130	140	150	160	170	180
	电流																			
	角度（°）	190	200	210	220	230	240	250	260	270	280	290	300	310	320	330	340	350	360	
	电流																			

② 根据上面的数据，在图 4-3 中画出 **H** 面和 **E** 面的直角坐标方向图。

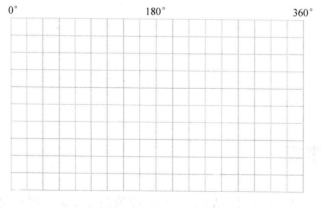

图 4-3 **H** 面和 **E** 面的直角坐标方向图

实验五

电磁场中的基本运算

5.1 实验目的

（1）熟悉 MATLAB 求解梯度、散度和旋度的函数。

（2）掌握矢量的乘法运算及梯度、散度和旋度的概念。

5.2 实验原理

电磁场是矢量场，矢量分析是研究电磁场特性的基本数学工具之一。矢量的乘法运算有两种形式：标积与矢积。

梯度、散度和旋度是电磁场中的重要的概念，梯度是描述标量场的重要的矢量，散度和旋度是描述矢量场的重要的参数。

（1）标积

两个矢量的标积又称点积。在直角坐标系下，矢量 $\boldsymbol{A} = \boldsymbol{e}_x A_x + \boldsymbol{e}_y A_y + \boldsymbol{e}_z A_z$，矢量 $\boldsymbol{B} = \boldsymbol{e}_x B_x + \boldsymbol{e}_y B_y + \boldsymbol{e}_z B_z$，则矢量 $\boldsymbol{A}$ 和矢量 $\boldsymbol{B}$ 的标积为：

$$\boldsymbol{A} \cdot \boldsymbol{B} = A_x B_x + A_y B_y + A_z B_z$$

（2）矢积

两个矢量的矢积又称叉积。在直角坐标系下，矢量 $\boldsymbol{A} = \boldsymbol{e}_x A_x + \boldsymbol{e}_y A_y + \boldsymbol{e}_z A_z$，矢量 $\boldsymbol{B} = \boldsymbol{e}_x B_x + \boldsymbol{e}_y B_y + \boldsymbol{e}_z B_z$，则矢量 $\boldsymbol{A}$ 和矢量 $\boldsymbol{B}$ 的矢积为：

$$\boldsymbol{A} \times \boldsymbol{B} = \begin{vmatrix} \boldsymbol{e}_x & \boldsymbol{e}_y & \boldsymbol{e}_z \\ A_x & A_y & A_z \\ B_x & B_y & B_z \end{vmatrix}$$

（3）梯度 ∇u

梯度是一个矢量，其方向是标量场 u 在给定点处变化率最大的方向，其模即为最大的变化率。表达式为：

$$\nabla u = \mathrm{grad}\, u = \boldsymbol{e}_x \frac{\partial u}{\partial x} + \boldsymbol{e}_y \frac{\partial u}{\partial y} + \boldsymbol{e}_z \frac{\partial u}{\partial z}$$

（4）散度 $\nabla \cdot \boldsymbol{F}$

矢量场的散度是一个标量，它表示从单位体积内散发出来的矢量 $\boldsymbol{F}$ 的通量。它反映出矢量场 $\boldsymbol{F}$ 在给定点通量源的强度。表达式为：

$$\mathrm{div}\boldsymbol{F} = \frac{\partial F_x}{\partial x} + \frac{\partial F_y}{\partial y} + \frac{\partial F_z}{\partial z} = \nabla \cdot \boldsymbol{F}$$

（5）旋度 $\nabla \times \boldsymbol{F}$

矢量场的旋度是一个矢量，其大小是矢量 $\boldsymbol{F}$ 在给定点的最大环流面密度，其方向是当面元的取向使环流面密度最大时的面元法线方向。表达式为：

$$\nabla \times \boldsymbol{F} = \begin{vmatrix} \boldsymbol{e}_x & \boldsymbol{e}_y & \boldsymbol{e}_z \\ \dfrac{\partial}{\partial x} & \dfrac{\partial}{\partial y} & \dfrac{\partial}{\partial z} \\ F_x & F_y & F_z \end{vmatrix} = \mathrm{rot}\boldsymbol{F}$$

以上参数的求解及表示要用到 MATLAB 中的以下函数：

（1）dot 计算向量点积，Y＝dot(A,B) 表示同维向量 A,B 的点积。

（2）cross 计算向量叉积，C＝cross(A,B) 表示向量 A,B 的叉积，A,B 必须是三元向量。

（3）gradient 函数。如果函数 f 是三维的，则 $[fx, fy, fz] = gradient(f, Hx, Hy, Hz)$，fx 是 f 在 x 方向的偏导数，fy 是 f 在 y 方向的偏导数，fz 是 f 在 z 方向的偏导数，Hx，Hy，Hz 分别表示在各个方向上相邻两点的间距。

（4）divergence 函数。它的格式为 $div = divergence(X, Y, Z, U, V, W)$，X，Y，Z 代表矢量场在坐标系三个方向上的分量 U，V，W 的坐标值。

（5）curl 函数。$[curlx, curly, curlz, cav] = curl(X, Y, Z, U, V, W)$，其中 curlx，curly，curlz 分别是旋度三个方向的分量，cav 是旋度的角速度。X，Y，Z 代表矢量场 U，V，W 的坐标值。

（6）$quiver(X, Y, U, V, scale)$ 多点绘图函数，其中 X、Y 为 x、y 方向的取值范围矩阵，U、V 分别为 x、y 方向的分量，scale 矢量线的长度。

（7）contour 函数。它用于绘制等值线，它的格式为 $contour(X, Y, Z, V)$，其中 X，Y 表示 x、y 方向的取值范围矩阵，Z 为相应点的高度值矩阵，V 是等值线的值矩阵。

5.3　实验内容

（1）已知 $\boldsymbol{A} = \boldsymbol{e}_x + 5\boldsymbol{e}_y + 3\boldsymbol{e}_z$，$\boldsymbol{B} = \boldsymbol{e}_x + 6\boldsymbol{e}_y + 7\boldsymbol{e}_z$，求（1）$\boldsymbol{A} \cdot \boldsymbol{B}$；（2）$\boldsymbol{A} \times \boldsymbol{B}$；（3）$\boldsymbol{A}$ 和 $\boldsymbol{B}$ 之间的夹角。

```
A = [1 5 3];
B = [1 6 7];
dianji = dot(A,B)                        % 矢量点积
chaji = cross(A,B)                       % 矢量叉积
Amo = sqrt(dot(A,A));
Bmo = sqrt(dot(B,B));
jiajiao = acos(dianji/(Amo * Bmo))       % 矢量夹角
```

运行 MATLAB 后可以得到如下结果：

```
dianji = 52
chaji = [17     -4     1]
jiajiao = 0.3245
```

（2）求标量场 $u=2xe^{(-x^2-y^2)}$ 的梯度。

```
[x,y] = meshgrid( - 2:0.5:2);            % x,y∈[ - 2,2],间隔为 0.5
u = 2 * x. * exp( - x.^2 - y.^2);
[gx,gy] = gradient(u,0.5,0.5)            % 梯度;
quiver(x,y,gx,gy)
hold on
v = [ - 0.4, - 0.2, - 0.1,0,0.1,0.2,0.4]
CS = contour(x,y,u,v);                   % 绘制等位线
colormap([1 0 1]);                       % 用同一种颜色绘制等位线
clabel(CS);                              % 标注等位线
xlabel('x');
ylabel('y');
```

运行 MATLAB 后可以得到如图 5-1 所示的结果：

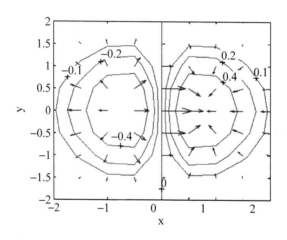

图 5-1　梯度和等位线

（3）求矢量场 $\boldsymbol{F}=-\boldsymbol{e}_x y+\boldsymbol{e}_y x$ 的旋度和散度。

① 求矢量场图及散度。

```
[x,y] = meshgrid( - 2:0.5:2);
u = - y;                                 % x 分量
v = x;                                    % y 分量
div = divergence(x,y,u,v);               % 散度
 % mesh(x,y,div)
quiver(x,y,u,v)                          % 矢量场图
colormap([1 0 0]);                       % 用一种颜色绘图
ylabel('y');
```

```
zlabel('divF')
Xlim([ - 2,2]);
Ylim([ - 2,2]);
xlabel('x');
ylabel('y');
```

运行 MATLAB 后可以得到矢量场如图 5-2 所示,散度如图 5-3 所示。

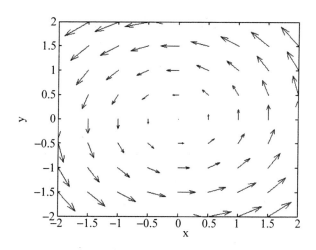

图 5-2　矢量场图

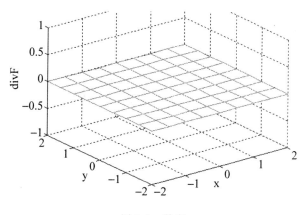

图 5-3　散度

② 求旋度。

```
[x,y,z] = meshgrid( - 2:1:2);
u = - y;                                      % x 分量
```

```
v = x;                                    % y 分量
w = 0. * u;
[curlx, curly, curlz] = curl(x, y, z, u, v, w);
quiver3(x, y, z, curlx, curly, curlz);
xlabel('x');
ylabel('y');
zlabel('rotF');
```

运行 MATLAB 后可以得到旋度如图 5-4 所示。

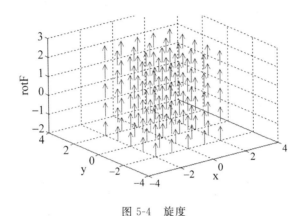

图 5-4　旋度

5.4　实验报告要求

（1）写出 MATLAB 中求解梯度、散度和旋度的函数。

（2）写出仿真的简要步骤以及图形显示的函数。

实验六

点电荷的电场与电势分布仿真

6.1 实验目的

(1) 熟悉点电荷的电场分布情况。

(2) 掌握利用 MATLAB 仿真点电荷的电场及电势。

6.2 实验原理

库仑定律是关于两个点电荷之间作用力的定量描述,其数学表示式为:

$$\boldsymbol{F}_{12} = \boldsymbol{e}_R \frac{q_1 q_2}{4\pi\varepsilon_0 R^2}$$

其中,$\boldsymbol{F}_{12}$ 表示点电荷 q_1 对点电荷 q_2 的作用力,$\boldsymbol{e}_R$ 表示由 q_1 指向 q_2 的单位矢量。

由电场强度的定义可知,点电荷 q_1 的电场强度为:

$$\boldsymbol{E}_1 = \boldsymbol{e}_R \frac{q_1}{4\pi\varepsilon_0 R^2}$$

电势是描述静电场性质的一个重要的物理量。以无穷远点为电位参考点,对于点电荷 q,设点 P 距离点电荷 q 的距离为 r,根据电势的定义可得其在

点 P 处的电势为：

$$U = \int_r^\infty \boldsymbol{E} \cdot \mathrm{d}\boldsymbol{l} = k\frac{q}{r} \tag{6.1}$$

其中，在真空中时，$k = \dfrac{1}{4\pi\varepsilon_0}$，$\varepsilon_0 = \dfrac{1}{36\pi}\times10^{-9}$。

式(6.1)为等势面方程。

6.3　实验内容

（1）绘制一个点电荷的等势面与电位立体图。

```
weizhix = 0;                                        % 电荷在 x 方向的位置
weizhiy = 0;                                        % 电荷在 y 方向的位置
plot(weizhix, weizhiy, 'o', 'MarkerSize', 16);;     % 绘制电荷
hold on
q = 2e − 9                                          % 电荷电量;
k = 1/pi/4/(1/(36 * pi) * 10^( − 9));               % 系数
r0 = 0.2;                                           % 最大等势线半径
u0 = k * q/r0;
u1 = linspace(1,10,5) * u0;                         % 等势面取值
x = linspace( − r0,r0,20);                          % x 坐标取 50 等分
[X,Y] = meshgrid(x);                               % 网格坐标
xx = X + weizhix;
yy = Y + weizhiy;
r = sqrt((xx − weizhix).^2 + (yy − weizhiy).^2 + eps);    % 避免分母为零,加一个小量
U = k * q. /r;                                     % 空间点电势
contour(xx, yy, U, u1); hold on                     % 绘制等势面
xlabel('x', 'fontsize', 10);
ylabel('y', 'fontsize', 10);
hold on
ex = k * q. * (xx − weizhix)./(r.^2);
ey = k * q. * (yy − weizhiy)./(r.^2);
quiver(xx, yy, ex, ey, 2)
% view( − 45,45)
% mesh(xx, yy, U)
% grid on
```

可以得出电场和等势面以及电位立体图分别如图 6-1 和图 6-2 所示。

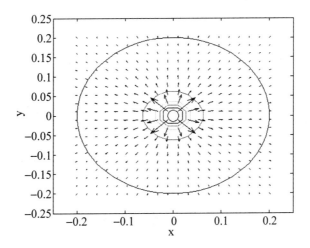

图 6-1　电场和等势面

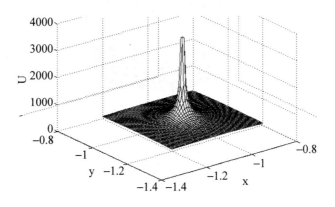

图 6-2　电位立体图

（2）绘制点电荷的等势面立体图。

```
r0 = 0.2;                          % 电力线射线簇终点半径
[x, y, z] = sphere(6);             % 三维单位球面坐标
X = r0 * x(:)';
Y = r0 * y(:)';
Z = r0 * z(:)';
X = [X; zeros(size(X))];
Y = [Y; zeros(size(Y))];
Z = [Z; zeros(size(Z))];

plot3(X, Y, Z), hold on            % 画电力线射线簇
```

```
q = 2e - 6;
k = 1/pi/4/(1/(36 * pi) * 10 ^ ( - 9));
u0 = k * q/r0;
u1 = linspace(1,5,4) * u0;              % 等势面取 4 个
[X,Y,Z] = sphere(18);
view(30,30);                            % 设置视点
Z(X > 0&Y < 0) = nan;                   % 四分之一球被切掉
r = k * q./u1;
for ii = 1:4
surf(r(ii). * X,r(ii). * Y,r(ii). * Z),hold on    % 画 4 个等势面完整曲面
end
shading interp                          % 对等势面着色
```

可以得出点电荷的等势面立体图如图 6-3 所示。

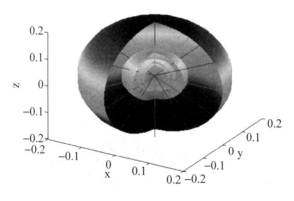

图 6-3　等势面立体图

6.4　实验报告要求

（1）根据仿真结果分析单个点电荷电场强度方向如何？仿真结果与库仑定律是否一致？

（2）分析电场与电位的关系。

实验七

静态场的边值问题

7.1 实验目的

（1）通过有限差分法的实现来熟悉数值法的求解过程。

（2）掌握有限差分法的原理与计算步骤。

7.2 实验原理

7.2.1 静态场问题的分类

静态场问题有分布型问题和边值型问题组成。当场源分布已知,用场的积分公式求空间中各个点的分布,就是分布型问题。如果给出了场域边界上的值来求电位分布就是边值型问题。

7.2.2 边值问题的分类

在一个场域中,只有给出了具体的边界条件,才能根据边界条件求解出场域中电位分布情况。在二维静电场中可以分为三类边界条件,其中第三类是第一类和第二类的特殊情况。

（1）当二维静态场域的边界条件给定为已知的电位函数,这种情况称为第一类边界条件。

（2）当二维静态场域的边界条件给定为电位法向上连续的导函数,这种情况称为第二类边界条件。

（3）当二维静态场域的边界条件不是单一的边界,而是由已知的电位函数和边界电位的导函数共同构成,称这种情况为第三类边界条件。

7.2.3　边值计算方法分类

电磁场问题的计算方法大致由解析法和数值法组成。

（1）解析法。

解析法得到的解是一种数学表达式,它是准确解。有些边界条件简单的问题,可以用镜像法和分离变量法求解。

（2）有限差分法。

实际情况中有许多边界条件太复杂,不能用镜像法或分离变量法求得精确解,因此一般用数值法求解,它是直接计算离散点上的场量数值。常用的方法包括有限差分法、有限元素法等。

有限差分法将待求的偏微分方程边界问题转化为与其相应的差分方程组问题。一般只要将网格划分得足够细,求得的结果就足够精确。

可以按照以下步骤求解包括电磁场在内的各种物理场:①先用提前选定的网格将场域离散,形成节点;②利用差分,将所求的场域内偏微分方程及其定解条件离散化;③由建立的差分格式选定求解方法,编制程序,计算出离散解。

进行网格剖分时,网格剖分方式很多。为了得到更精确的结果,通常采用有规律的分布方式有三角形或正方形。

如果用正方形形式,分别用与两坐标轴 x 和 y 平行的步长为 h 的网格线生成正方网格,网格线相交而形成的节点成为离散场域 D 内点的集合。

用正方形将平面场域分割成一定数量的网格的集合,每个小网格的边长为 h。

如图 7-1 所示,设每个正方形的边长是 h,节点 (i,j) 的电位表示为 $\varphi_{i,j}$,与它相邻的节点的电位分别是 $\varphi_{i,j+1}$,$\varphi_{i,j-1}$,$\varphi_{i-1,j}$,$\varphi_{i+1,j}$。设 h 充分小,利用二元函数的泰勒展开式可以将 $\varphi_{i,j}$ 直接相邻节点上的电位值表示为:

$$\varphi_{i,j+1} = \varphi_{i,j} + \frac{\partial \varphi}{\partial y}h + \frac{1}{2}\frac{\partial^2 \varphi}{\partial y^2}h^2 + \frac{1}{6}\frac{\partial^3 \varphi}{\partial y^3}h^3 + \cdots$$

$$\varphi_{i,j-1} = \varphi_{i,j} - \frac{\partial \varphi}{\partial y}h + \frac{1}{2}\frac{\partial^2 \varphi}{\partial y^2}h^2 - \frac{1}{6}\frac{\partial^3 \varphi}{\partial y^3}h^3 + \cdots$$

$$\varphi_{i-1,j} = \varphi_{i,j} - \frac{\partial \varphi}{\partial x}h + \frac{1}{2}\frac{\partial^2 \varphi}{\partial x^2}h^2 - \frac{1}{6}\frac{\partial^3 \varphi}{\partial x^3}h^3 + \cdots$$

$$\varphi_{i+1,j} = \varphi_{i,j} + \frac{\partial \varphi}{\partial x}h + \frac{1}{2}\frac{\partial^2 \varphi}{\partial x^2}h^2 + \frac{1}{6}\frac{\partial^3 \varphi}{\partial x^3}h^3 + \cdots$$

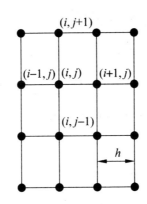

图 7-1　有限差分法的正方形网格点

将以上四式相加,得出:

$$\varphi_{i,j+1} + \varphi_{i,j-1} + \varphi_{i-1,j} + \varphi_{i+1,j} = 4\varphi_{i,j} + h^2\left[\frac{\partial^2 \varphi}{\partial x^2} + \frac{\partial^2 \varphi}{\partial y^2}\right] + \cdots \quad (7.1)$$

显然把上面四个式子相加,h 的所有奇次项相互抵消掉。所以式 (7.1) 是在省去 h^4 及更高次项所得出的,它的精度是 h 的平方项。

因为场中任意一点 (i,j) 都满足泊松方程

$$\nabla^2 \varphi = \frac{\partial^2 \varphi}{\partial x^2} + \frac{\partial^2 \varphi}{\partial y^2}$$

其中，$F(x,y)$ 为场源。式(7.1)可以变成：

$$\varphi_{i,j} = \frac{1}{4}(\varphi_{i,j+1} + \varphi_{i,j-1} + \varphi_{i-1,j} + \varphi_{i+1,j}) - \frac{h^2}{4}F(x,y)$$

对于无源场，$F(x,y)=0$，二维拉普拉斯的有限差分形式为：

$$\varphi_{i,j} = \frac{1}{4}(\varphi_{i,j+1} + \varphi_{i,j-1} + \varphi_{i-1,j} + \varphi_{i+1,j}) \qquad (7.2)$$

二维拉普拉斯方程的差分形式可以将场域内各个点的位函数值与周围相邻的四个节点相联系。

经过 k 次迭代后，

$$\varphi_{i,j}^{(k+1)} = \frac{1}{4}\left[\varphi_{i+1,j}^{(k)} + \varphi_{i,j+1}^{(k)} + \varphi_{i-1,j}^{(k)} + \varphi_{i,j-1}^{(k)}\right] \quad (i,j=1,2,\cdots;\ k=0,1,\cdots)$$

上式是简单迭代法。由于简单迭代法收敛速度慢，因此目前常用的迭代法是高斯-赛德尔迭代法和超松弛迭代法。

高斯-赛德尔迭代法表达式为：

$$\varphi_{i,j}^{(k+1)} = \frac{1}{4}\left[\varphi_{i+1,j}^{(k)} + \varphi_{i,j+1}^{(k)} + \varphi_{i-1,j}^{(k+1)} + \varphi_{i,j-1}^{(k+1)}\right] \quad (i,j=1,2,\cdots;\ k=0,1,\cdots)$$

高斯-赛德尔迭代法适当变形就可以得到超松弛迭代法。

超松弛迭代法表达式为：

$$\varphi_{i,j}^{(k+1)} = \varphi_{i,j}^{(k)} + \frac{\alpha}{4}\left[\varphi_{i+1,j}^{(k)} + \varphi_{i,j+1}^{(k)} + \varphi_{i-1,j}^{(k+1)} + \varphi_{i,j-1}^{(k+1)} - 4\varphi_{i,j}^{(k)}\right]$$

$$(i,j=1,2,\cdots;\ k=0,1,\cdots)$$

为了提高迭代法的收敛速度，超松弛迭代法引入了松弛因子 α 以加快收敛。松弛因子 α 在 1 到 2 之间。存在一个 α_{opt}，称为最佳收敛因子，当 $\alpha = \alpha_{\text{opt}}$ 时，迭代过程的收敛速度最快，效率最高。m,n 为正方形网格在两个方向的网格数。其中，

$$\alpha_{\text{opt}} = \frac{2}{1 + \sqrt{1 - \left[\dfrac{\cos(\pi/m) + \cos(\pi/n)}{2}\right]^2}}$$

当场域是正方形的,选用正方形网格时,每边的节点数为 p,则 α_{opt} 为

$$\alpha_{\mathrm{opt}} = \frac{2}{1 + \sin\left(\dfrac{\pi}{p-1}\right)} \tag{7.3}$$

7.3　实验内容

盖板电位 $U=100\mathrm{V}$,其余三面电位为 $0\mathrm{V}$,盖板尺寸 $a=2\mathrm{m},b=1\mathrm{m}$。求解图 7-2 矩形槽内电位函数分布。

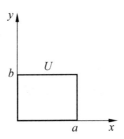

图 7-2　矩形盖板

（1）解析法程序。

```
v0 = 100;
a = 2;
b = 1;
[x,y] = meshgrid(0:0.05:a, 0:0.01:b);
v1 = 0;                                    %定义初始值
nnnnn = 200;
p = 0;
if(nnnnn == 1)
    nnn = 1;
else
    nnn = [1:2:2 * nnnnn - 1];
end
for nnnnn = 1:length(nnn)
    % k = 4 * 100/pi;                      %系数
    n = nnn(nnnnn)
    v = 4 * v0/pi * sinh(n * pi * y/a). * sin(n * pi * x/a)./(n * sinh(n * pi * b/a));
    v = v + v1;
```

```
    v1 = v;
 p = p + 1

end
CS = contour(x, y, v, 10);
clabel(CS);
```

可以得到电位分布图如图 7-3 所示。

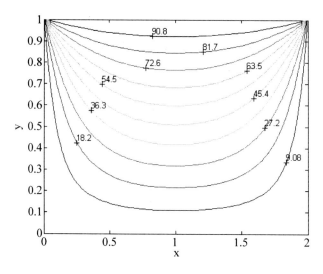

图 7-3　解析法电位分布图

（2）简单迭代法 21 * 11 源程序。

```
hx = 21;
hy = 11;
v1 = ones(hy, hx);
v1(hy, :) = ones(1, hx) * 100;
v1(1, :) = zeros(1, hx);
for i = 1:hy;
    v1(i, 1) = 0;
     v1(i, hx) = 0;
 end
 v1
 v2 = v1;
maxt = 1;
t = 0;
 k = 0;
 while(maxt > 1e - 6)
```

```
k = k + 1;
maxt = 0;
      for i = 2 : hy − 1
            for j = 2 : hx − 1
                  v2(i, j) = (v1(i, j + 1) + v1(i + 1, j) + v2(i − 1, j) + v2(i, j − 1))/4;
                  t = abs(v2(i, j) − v1(i, j));
if(t > maxt) maxt = t;
end
            end
      end
      v1 = v2;

 end
 v2
 x = (0 : 1 : hx − 1)/10; y = (0 : 1 : hy − 1)/10;
CS = contour(x, y, v2, 10)
Clabel(CS)
 v2
 k
maxt
```

运行后可以得出：

```
k = 248, maxt = 9.4767e1007
```

其中电位分布图如图 7-4 所示。

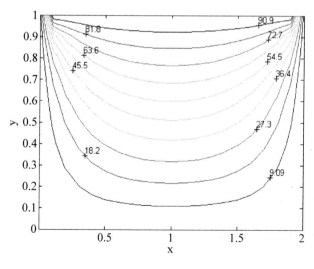

图 7-4 简单迭代法电位分布图

（3）超松弛法 21 ∗ 11 源程序。

```
hx = 21;
hy = 11;
A1 = ones(hy,hx);
A1(hy,:) = ones(1,hx) * 100;
A1(1,:) = zeros(1,hx);
for i = 1:hy;
    A1(i,1) = 0;
    A1(i,hx) = 0;
end
c = hx - 1;d = hy - 1;
u = (cos(pi/c) + cos(pi/d))/2;
w = 2/(1 + sqrt(1 - u * u));
A2 = A1;maxt = 1;t = 0;
k = 0
while(maxt > 0.000001)
    k = k + 1
maxt = 0;
    for i = 2:hy - 1
    for j = 2:hx - 1
A2(i,j) = A1(i,j) + (A1(i,j + 1) + A1(i + 1,j) + A2(i - 1,j) + A2(i,j - 1) - 4 * A1(i,j)) * w/4;
    t = abs(A2(i,j) - A1(i,j));
    if(t > maxt)maxt = t;end
    end
    end
    A1 = A2
end
x = (0:1:hx - 1)/20; y = (0:1:hy - 1)/10
CS = contour(x,y,A2,10)
clabel(CS);
 A2
 k
maxt
```

运行后可以得出：

```
k = 47,maxt = 8.4219e1007
```

其中电位分布图如图 7-5 所示。

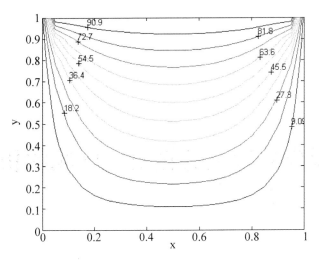

图 7-5　超松弛法电位分布图

7.4　实验报告要求

根据求得的计算结果对静态场边值问题三种方法进行比较分析。

实验八

使用偏微分方程工具箱对电磁场的仿真

8.1 实验目的

（1）了解微分方程工具箱的使用方法。

（2）掌握使用偏微分方程工具箱分析电磁场。

8.2 实验原理

偏微分方程的工具箱（PDE toolbox）是求解二维偏微分方程的工具箱，它可以求解一般常见的二维的偏微分方程，其基本功能是指它能解的偏微分方程的类型和边值条件。用户可以不必学习编程方法，仅仅在图形用户界面窗口进行操作，就能得到偏微分方程的解。

定义在二维有界区域 Ω 上的椭圆型方程、抛物型方程、双曲型方程、本征值方程等，可以用偏微分方程工具箱求解：

椭圆型方程 $-\nabla \cdot (c\ \nabla u) + au = f$

抛物型方程 $d\dfrac{\partial u}{\partial t} - \nabla \cdot (c\ \nabla u) + au = f$

双曲型方程 $d \dfrac{\partial^2 u}{\partial t^2} - \nabla \cdot (c \, \nabla u) + au = f$

本征值方程 $-\nabla \cdot (c \, \nabla u) + au = \lambda d u$

其中,u 是待解的未知函数,c,a,f 是已知的实值标量函数,d 是已知的复值函数,λ 是未知的特征值。

针对 u 定义的边界条件分为狄利赫里(Dirichlet)和纽曼(Neumann),还有两者的混合。

狄利赫里:$hu = r$,h 为系数

纽曼:$n * c * \mathrm{grad}(u) + qu = g$

其中,n 是边界的外法向,c 为系数,一般取 1,q 和 g 是所需的参数,q 一般是 0。

在 MATLAB 命令窗口输入 pdetool,打开 PDE 的图形界面。在选择应用模式时,工具箱根据实际问题的不同提供了很多应用模式,用户可以基于适当的模式进行建模和分析。

列表框中各应用模式的意义为:

Generic Scalar:一般标量模式(为默认选项)。

Generic System:一般系统模式。

Structural Mech.,Plane Stress:结构力学平面应力。

Structural Mech.,Plane Strain:结构力学平面应变。

Electrostatics:静电学。

Magnetostatics:电磁学。

Ac Power Electromagnetics:交流电电磁学。

Conductive Media DC:直流导电介质。

Heat Transfer:热传导。

Diffusion:扩散。

PDE 工具箱的使用步骤体现了有限元法求解问题的基本思路,包括以下基本步骤:

（1）建立几何模型。

（2）选择边界，定义边界条件。

（3）选择 PDE 菜单，设置方程类型和系数。

（4）选择 Mesh 菜单，进行网格划分。

（5）选择 Plot 菜单，显示解的图形。

（6）选择 Solve 菜单，解偏微分方程。

8.3 实验内容

（1）长直接地金属槽的电位如图 8-1 所示，侧壁与底面电位均为 0，顶盖
电位 $\phi=200\mathrm{V}$，求接地金属槽内的电位分布。

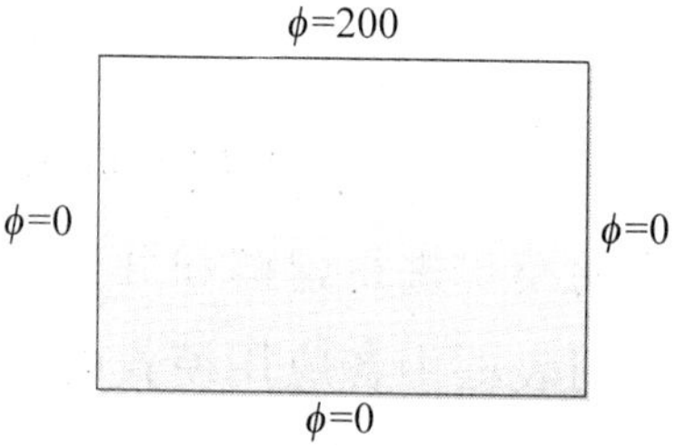

实验步骤如下。

① 设置网格：选择 Options 菜单下的
Grid 和 Grid Spacing，设置 X-axis linear Spacing
为[-1.5:0.3:1.5]，设置 Y-axis linear Spacing
为 Auto。

② 设置区域：选择 Draw 菜单下的
Rectangle/Square，绘制矩形。

图 8-1　接地金属槽

③ 设置应用模式：单击工具条中的 GenericScalar，选择 Electrostatics
模式。

④ 设置边界条件：选择 Boundary 菜单下的 Boundary Mode，对边界分别
输入

- 左边界符合狄利赫里条件，h=1，r=0。
- 右边界符合狄利赫里条件，h=1，r=0。
- 下边界符合狄利赫里条件，h=1，r=0。
- 上边界符合狄利赫里条件，h=1，r=200。

⑤ 设置方程参数：选择 PDE 菜单下的 PDE Specification，打开参数设置对话框，epsilon（介电常数）和 rho（体电荷密度）分别设置为 1 和 0。

⑥ 网格划分：单击工具条上的 △ 设置网格，或 △ 加密网格。

⑦ 设置图形显示参数：Plot 确定画图的参数，包括是否动画、3D、等温线和箭头。

⑧ 选择 Solve 菜单下的 Solve PDE，可得图 8-2 和图 8-3。

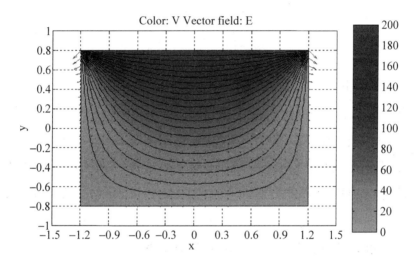

图 8-2　金属槽内电位分布平面图

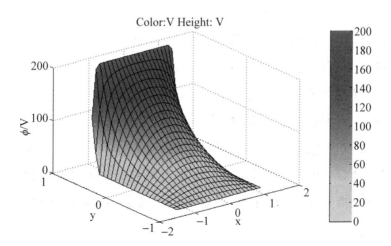

图 8-3　金属槽内电位分布立体图

（2）接地矩形金属槽的电位如图 8-4 所示，顶盖与底面电位均为 0，右侧壁电位 $\phi=100\mathrm{V}$，求接地矩形金属槽内的电位分布。

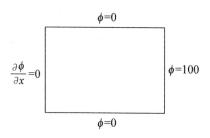

图 8-4　接地矩形金属槽

实验步骤如下。

① 设置网格：选择 Options 菜单下的 Grid 和 Grid Spacing，设置 X-axis linear Spacing 为［－1.5：0.5：1.5］，设置 Y-axis linear Spacing 为 Auto。

② 设置区域：选择 Draw 菜单下的 Rectangle/ Square，绘制矩形。

③ 设置应用模式：单击工具条中的 Generic Scalar，选择 Electrostatics 模式。

④ 设置边界条件：选择 Boundary 菜单下的 Boundary Mode，对边界分别输入。

- 左边界符合纽曼条件，g=0，q=0。
- 右边界符合狄利赫里条件，h=1，r=100。
- 下边界符合狄利赫里条件，h=1，r=0。
- 上边界符合狄利赫里条件，h=1，r=0。

⑤ 设置方程参数：选择 PDE 菜单下的 PDE Specification，打开参数设置对话框，epsilon(介电常数)和 rho(体电荷密度)分别设置为 1 和 0。

⑥ 网格划分：单击工具条上的 △ 设置网格，或 ⚠ 加密网格。

⑦ 设置图形显示参数：Plot 确定画图的参数，包括是否动画、3D、等温线和箭头。

⑧ 选择 Solve 菜单下的 Solve PDE，可得图 8-5 和图 8-6。

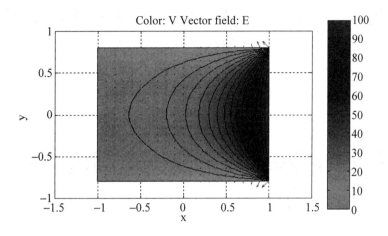

图 8-5 金属槽内电位分布平面图

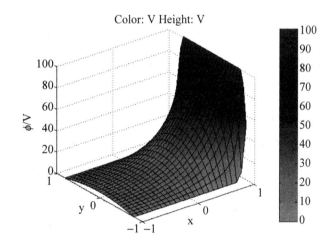

图 8-6 金属槽内电位分布立体图

8.4 实验报告要求

（1）写出 MATLAB 中 PDE 工具箱求解边值问题的步骤。

（2）分析 PDE 工具箱对两类边值问题定义边界条件的区别。

实验九

环形载流回路轴线上磁感应强度分布

9.1 实验目的

（1）掌握线电流的毕奥-萨伐尔定律。

（2）熟悉环形电流轴线上磁场分布的仿真。

9.2 实验原理

根据毕奥-萨伐尔定律，半径为 a 的电流回路上的电流元 $I\,\mathrm{d}l'$，在空间 P 处产生的磁场强度 B 为：

$$\mathrm{d}\boldsymbol{B} = \frac{\mu_0}{4\pi} \oint_C \frac{I\,\mathrm{d}\boldsymbol{l}' \times (\boldsymbol{r} - \boldsymbol{r}')}{|\ \boldsymbol{r} - \boldsymbol{r}'\ |^3} \tag{9.1}$$

电流回路在空间 P 处产生的磁场强度 B 为：

$$\boldsymbol{B} = \frac{\mu_0}{4\pi} \int_0^{2\pi} \frac{I\,\mathrm{d}\boldsymbol{l}' \times (\boldsymbol{r} - \boldsymbol{r}')}{|\ \boldsymbol{r} - \boldsymbol{r}'\ |^3} \tag{9.2}$$

在图 9-1 中，

$$\bm{I}\mathrm{d}l' = Iae_{\phi'} = Ia(-\bm{e}_x\sin\phi' + \bm{e}_y\cos\phi') \tag{9.3}$$

$$\bm{R} = r - r' = \bm{e}_x(0 - a\cos\phi') + \bm{e}_y(0 - a\sin\phi') + \bm{e}_z(z - 0) \tag{9.4}$$

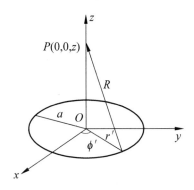

图 9-1   环形电流在轴线上点的磁场强度

将式(9.3)和式(9.4)代入式(9.2)，整理后得到 P 点处的磁场强度分量为：

$$\bm{B}_x = \bm{e}_x\frac{\mu_0 Ia}{4\pi}\int_0^{2\pi}\frac{z\cos\phi'}{(a^2 + z^2)^{\frac{3}{2}}}\mathrm{d}\phi'$$

$$\bm{B}_y = \bm{e}_y\frac{\mu_0 Ia}{4\pi}\int_0^{2\pi}\frac{z\sin\phi'}{(a^2 + z^2)^{\frac{3}{2}}}\mathrm{d}\phi'$$

$$\bm{B}_z = \bm{e}_z\frac{\mu_0 Ia^2}{4\pi}\int_0^{2\pi}\frac{1}{(a^2 + z^2)^{\frac{3}{2}}}\mathrm{d}\phi'$$

9.3   实验内容

求环形载流回路轴线上磁感应强度分布。

```
syms u0 I R z A;    % 分别定义 u0、电流、半径、z、角度
f1 = u0 * I * R * (z * cos(A))/(4 * pi * (R^2 + z^2)^(3/2));
BX = int(f1,'A',0,2 * pi)
f2 = u0 * I * R * (z * sin(A))/(4 * pi * (R^2 + z^2)^(3/2));
BY = int(f2,'A',0,2 * pi)
f3 = u0 * I * R^2/(4 * pi * (R^2 + z^2)^(3/2));
```

```
BZ = int(f3,'A',0,2 * pi)
x = 0;y = 0;z = 10; % (0,0,10)
zz = [ - 5:1:5];
for ii = 1:11
% x = 0;y = 0,z = 0; % (0,0,0)
u0 = 4 * pi * 1e - 7;I = 1;R = 1;
z = zz(ii);
bx1 = eval(BX);
by2 = eval(BY);
bz3 = eval(BZ);
bx11(ii) = bx1
by22(ii) = by2
bz33(ii) = bz3
end
plot(zz,bz33)
```

运行后可以看出圆环在轴上任意点磁场只有沿 z 轴方向的分量。可以从图 9-2 中得出,圆环电流在中心点上的磁场最大。

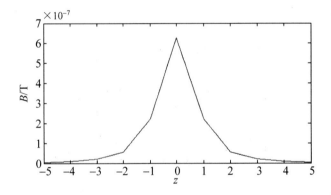

图 9-2　环形电流在轴线上点的磁场分布

9.4　实验报告要求

(1) 应用式(9.2),计算环形载流回路轴线上的磁场分布,并与仿真值进行比较。

(2) 描绘出环形电流轴线上的磁场分布曲线。

实验十

均匀平面波及电磁波的极化

10.1 实验目的

（1）掌握均匀平面波的传播特性。

（2）掌握线极化波、圆极化波和椭圆极化波特点。

10.2 实验原理

理想介质中的均匀平面波，是指在无源区，即 $\rho=0$，$J=0$，且充满线性、同向的均匀理想介质中，电磁波的场矢量只与它的传播方向有关，而在与传播方向垂直的无限大平面内，电场强度和磁场强度的方向、振幅和相位都保持不变。

假设在直角坐标系中，均匀平面波沿着 z 方向传播，那么电磁强度 E 和磁场强度 H 都不是 x 和 y 的函数。对于无界的均匀媒质中只存在沿一个方向传播的波，这里讨论沿 $+z$ 方向传播的均匀平面波，即

$$E_x(z,t) = E_{xm}\cos(wt - kz + \phi_x)$$

理想介质中电磁 E 与磁场 H 之间的关系为：

$$H = \frac{1}{\eta} e_z \times E$$

其中，$\eta = \sqrt{\dfrac{\mu}{\epsilon}}$ 为本征阻抗，在自由空间中 $\eta = 120\pi$。

一般情况下，沿 $+z$ 方向传播的均匀平面电磁波的 E_x 和 E_y 分量都存在，可表示为：

$$E_x = E_{xm} \cos(wt - kz + \phi_x)$$
$$E_y = E_{ym} \cos(wt - kz + \phi_y)$$

合成波电场为 $E = e_x E_x + e_y E_y$。由于 E_x 和 E_y 分量的幅度和相位可能不同，所以，在空间任意给定点上，合成波电场强度矢量 E 的大小和方向都有可能会随时间变化，这种现象即为电磁波的极化。

若电场的 x 分量和 y 分量的相位相同或者相位相差为 π，即 $\phi_y - \phi_x = 0$ 或者 $\phi_y - \phi_x = \pm\pi$，则合成波为直线极化波。

若电场的 x 分量和 y 分量的幅度相同，但相位相差为 $\dfrac{\pi}{2}$，即 $E_{xm} = E_{ym} = E_m$，$\phi_y - \phi_x = \pm\dfrac{\pi}{2}$ 时，那么合成波为圆极化波。

若电场的两个分量的振幅和相位都不同，则合成波为椭圆极化波。

10.3 实验内容

（1）沿 $+z$ 方向传播的均匀平面波的仿真，设磁场幅值是电场幅值一半，结果如图 10-1 所示。

```
m = 3;
x = (0:0.01:1) * 6 * pi;
figure;hold on;
n = length(x);
view(3)
```

```
for ii = 1:length(x)
        data(ii) = cos(x(ii))
end
stem(x,data,'r.'); hold on                    % 电场
stem3(x,zeros(size(x)),data/2,'b');           % 磁场
xlabel('x');
ylabel('y');
zlabel('z');
```

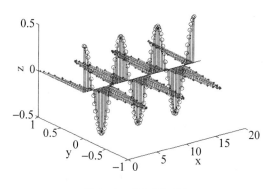

图 10-1　均匀平面波

（2）根据极化波的原理，利用 MATLAB 分别生成线极化波，圆极化波和椭圆极化波。

① 线极化波，如图 10-2 所示。

```
w = 4 * 10 ^6;                                % 角频率 4MHz
faix = pi;                                    % x 方向初相位
faiy = 0;                                     % y 方向初相位
Exm = 10;
Eym = 0.5;
t = 1;
z = linspace(1,300,20);
k = 0.1
% view( − 40,45)
zero1 = zeros(1,length(z));
for ii = 1:20
Ex(ii) = Exm * cos(w * t − k * z(ii) + faix);
Ey(ii) = Eym * cos(w * t − k * z(ii) + faiy);
% quiver3(zero1(ii),zero1(ii),z(ii),Ex(ii),Ey(ii),zero1(ii),0,'.');
hold on
end
```

```
hold on
plot3(Ex,Ey,z,'r')
xlabel('x');
ylabel('y');
zlabel('z')
```

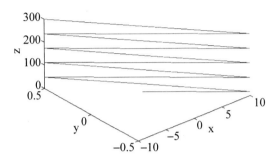

图 10-2   线极化波

② 生成圆极化波，如图 10-3 所示。

```
w = 4 * 10 ^6;                                    % 角频率 4MHz
faix = pi/2;                                      % x 方向初相位
faiy = 0;                                         % y 方向初相位
Exm = 5;
Eym = 5;
t = 1;
z = linspace(1,300,100);
k = 0.1
view( - 40,45)
zero1 = zeros(1,length(z));
for ii = 1:100
Ex(ii) = Exm * cos(w * t - k * z(ii) + faix);
Ey(ii) = Eym * cos(w * t - k * z(ii) + faiy);
% quiver3(zero1(ii),zero1(ii),z(ii),Ex(ii),Ey(ii),zero1(ii),0,'.');
hold on
end
hold on
plot3(Ex,Ey,z,'r')
xlabel('x');
ylabel('y');
zlabel('z')
```

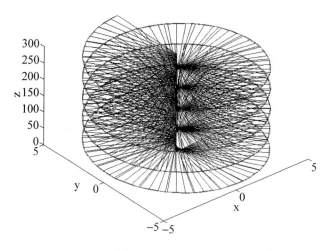

图 10-3　圆极化波

③ 生成椭圆极化波，如图 10-4 所示。

```
w = 4 * 10 ^6;                                % 角频率 4MHz
faix = pi/3;
faiy = pi/9;
Exm = 1;
Eym = 6;
t = 1;
z = linspace(1,300,300);
k = 0.1
view( - 40,45)
zero1 = zeros(1,length(z));
for ii = 1:300
Ex(ii) = Exm * cos(w * t - k * z(ii) + faix);
Ey(ii) = Eym * cos(w * t - k * z(ii) + faiy);
quiver3(zero1(ii),zero1(ii),z(ii),Ex(ii),Ey(ii),zero1(ii),0,'.');
hold on
end
hold on
plot3(Ex,Ey,z,'r')
xlabel('x');
ylabel('y');
zlabel('z')
```

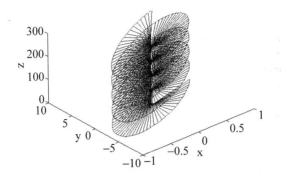

图 10-4　椭圆极化波

10.4　实验报告要求

（1）根据仿真结果分析线极化波、圆极化波和椭圆极化波的特点。

（2）写出线极化波、圆极化波和椭圆极化波仿真的简要步骤。

电偶极子辐射仿真

11.1　实验目的

（1）绘制电偶极子 E 面方向图。

（2）绘制电偶极子 E 面方向图立体图。

（3）绘制电偶极子电力线分布图。

11.2　实验原理

如图 11-1 所示，电偶极子沿 z 轴放置，中心在坐标原点。线元的长度为 l，横截面积为 $\Delta S'$，故有：

$$\boldsymbol{J}\mathrm{d}V' = \boldsymbol{e}_z\,\frac{I}{\Delta S'}\Delta S'\mathrm{d}z' = \boldsymbol{e}_z I\mathrm{d}z' \tag{11.1}$$

载流线元在 P 点产生的矢量位为：

$$\boldsymbol{A}(\boldsymbol{r}) = \frac{\mu_0}{4\pi}\int_l \frac{\boldsymbol{e}_z I}{|\,\boldsymbol{r}-\boldsymbol{r}'\,|}\mathrm{e}^{-\mathrm{j}k|\boldsymbol{r}-\boldsymbol{r}'|}\mathrm{d}z' \tag{11.2}$$

考虑到 $l\ll r$，故式(11.2)可近似为：

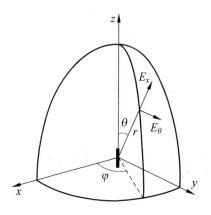

图 11-1　电偶极子

$$A(r) = e_z \frac{\mu_0 Il}{4\pi r} e^{-jkr} \tag{11.3}$$

因为 $A_x = A_y = 0$，因此

$$\begin{cases} A_r = A_z \cos\theta = \frac{\mu_0 Il}{4\pi r} e^{-jkr} \cos\theta \\[2mm] A_\theta = -A_z \sin\theta = -\frac{\mu_0 Il}{4\pi r} e^{-jkr} \sin\theta \\[2mm] A_\phi = 0 \end{cases} \tag{11.4}$$

由 $H = \dfrac{1}{\mu_0} \nabla \times A$ 和 $E = \dfrac{1}{j\omega\varepsilon_0} \nabla \times H$，可以得到

$$\begin{cases} E_r = \dfrac{2Ilk^3\cos\theta}{4\pi\omega\varepsilon_0}\left[\dfrac{1}{(kr)^2} - \dfrac{j}{(kr)^3}\right]e^{-jkr} \\[3mm] E_\theta = \dfrac{Ilk^3\sin\theta}{4\pi\omega\varepsilon_0}\left[\dfrac{j}{kr} + \dfrac{1}{(kr)^2} - \dfrac{j}{(kr)^3}\right]e^{-jkr} \\[3mm] E_\phi = 0 \end{cases} \tag{11.5}$$

由式(11.5)可以看出，电偶极子产生的电磁场电场强度只有两个分量。令电偶极子上的电量为：

$$q = q_0 e^{j\omega t} \tag{11.6}$$

$$I = \frac{dq}{dt} = q_0 j\omega e^{j\omega t} \tag{11.7}$$

将式(11.7)代入式(11.5)，并取实部，可以得到瞬时电场分布。

根据电力线方程：

$$\frac{E_r}{\mathrm{d}r} = \frac{E_\theta}{\mathrm{d}\theta} \qquad (11.8)$$

可以得出：

$$\sin^2\theta \cdot [\cos(\omega t - kr) - kr\sin(\omega t - kr)]/(kr) = K_0 \qquad (11.9)$$

其中，K_0 为积分常数，它的一组取值表示一簇电力线族。

在仿真辐射时，需要将球坐标还原成直角坐标：

$$\begin{cases} r = \sqrt{x^2 + y^2 + z^2} \\ \theta = \arccos(z/r) \\ \varphi = \arctan(y/x) \end{cases} \qquad (11.10)$$

电场分布关于 z 轴对称，因此电场分布与 φ 角无关。这里只考虑过 z 轴的 xoz 平面上电力线分布图。xoz 平面上 $y=0$，因此式(11.10)中球坐标为：

$$\begin{cases} r = \sqrt{x^2 + z^2} \\ \theta = \cos^{-1}(z/r) = \cos^{-1}(z/\sqrt{x^2 + z^2}) \\ \varphi = 0 \end{cases} \qquad (11.11)$$

在电偶极子的远区场，当 $r \gg \lambda$ 时，即 $kr \gg 1$，$\frac{1}{kr}$ 的高次项可以忽略，在式(11.5)中，E_r 为 0，只有 E_θ。

$$E_\theta = \frac{Ilk^2 \sin\theta}{4\pi\omega\varepsilon_0} \frac{\mathrm{j}}{r} \mathrm{e}^{-\mathrm{j}kr} = \frac{Ilk^2\mathrm{j}}{4\pi\omega\varepsilon_0 r} \mathrm{e}^{-\mathrm{j}kr} f(\theta) \qquad (11.12)$$

式(11.12)中，

$$f(\theta) = \sin\theta \qquad (11.13)$$

即为电偶极子的方向性函数，式(11.13)表明在 r 为常数的球面上，电场随 θ 角为正弦关系变化。

为便于比较不同天线的方向特性，通常采用归一化方向函数，表达式为式(11.14)，其中 $|f(\theta)|_{\max}$ 为方向性函数的最大值，即

$$F(\theta) = \frac{\mid E_\theta \mid}{\mid E_\theta \mid_{\max}} = \frac{\mid f(\theta) \mid}{\mid f(\theta) \mid_{\max}} = \mid \sin\theta \mid \qquad (11.14)$$

11.3 实验内容

（1）电偶极子电场立体方向图绘制，后果如图 11-2 所示。

```
[fai,sita] = meshgrid(eps:2 * pi/180:2 * pi,eps:pi/180:pi);
f = sin(sita);
[x,y,z] = sph2cart(fai,pi/2 - sita,f);
z(x < 0&y < 0) = nan;                    % 四分之一球被切掉
view(135,45)
surf(x,y,z)
xlabel('x');
ylabel('y');
zlabel('z');
grid off;
```

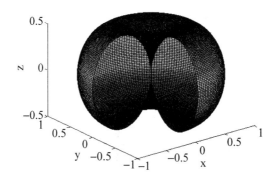

图 11-2　电偶极子 *E* 立体方向图

（2）电偶极子电场强度方向图绘制，结果如图 11-3 所示。

```
sita = linspace(0,2 * pi);
f = sin(sita);
polar(sita,abs(f));
```

（3）绘制不同时刻电力线分布图，结果如图 11-4 所示。

```
syms wt K K0
```

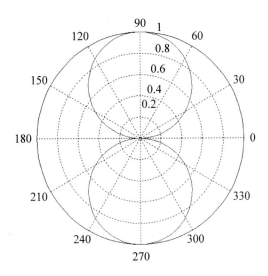

图 11-3　电偶极子 **E** 方向图

```
K0 = linspace( - 2.0,2.0,10);
wt1 = pi./linspace(3,1,3)                    % wt1 = pi/3, pi/2, pi
for n = 1:3
    r = 3 * 3;
    k = 1;
wt = wt1(n);
[X,Z] = meshgrid( - r:0.5:r);
r = sqrt(X.^2 + Z.^2 + eps);
a = acos(Z./r);
K = sin(a).^2. * (cos(wt - k. * r) - k. * r. * sin(wt - k. * r))./(k. * r);
if(n == 1)
subplot(1,3,1)
[c,h] = contour(X,Z,K,K0);
title('wt = pi/3');
end
if(n == 2)
subplot(1,3,2)
[c,h] = contour(X,Z,K,K0);
title('wt = pi/2');
end
if(n == 3)
subplot(1,3,3)
[c,h] = contour(X,Z,K,K0);
title('wt = pi');
end
end
```

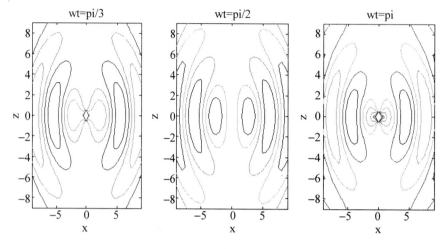

图 11-4　不同时刻电力线图

11.4　实验报告要求

（1）根据仿真结果分析 K_0 对电力线的影响。

（2）写出电偶极子的归一化方向性函数，绘制它的 **E** 面方向图及立体方向图。

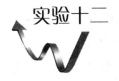

环　行　器

12.1　实验目的

（1）了解环行器的基本原理。

（2）了解将环行器的应用。

（3）掌握利用频谱分析仪进行环行器的测试。

12.2　实验设备

AT6030D 频谱分析仪、环行器模块 50Ω 终端。

12.3　实验原理

环行器又叫隔离器,其突出特点是单向传输高频信号能量。它控制电磁波沿某一环行方向传输。这种单向传输高频信号能量的特性,多用于高频功率放大器的输出端与负载之间,起到各自独立,互相隔离的作用。负载阻抗在变化甚至开路或短路的情况下都不影响功放的工作状态,从而保护了功率放大器。因此,环行器在射频(微波)应用中具有非常重要的作用。

环行器是一个多端口器件,其中电磁波的传输只能是沿单方向环行,反方向是隔离的。在近代的雷达和微波多路通信系统中都要用单方向环行大特性的器件。例如,在收发设备共用一副天线的雷达系统中常采用环行器件作双工器。在微波多路通信系统中,用环行器可以把不同频率的信号隔开。

12.4　实验内容

(1) 测量环行器的插入损耗和隔离度。
(2) 测量环行器的方向性。

12.5　实验步骤

(1) 将环行器模块按图 12-1 进行连接。

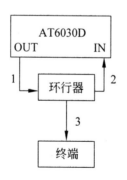

图 12-1　环形器模块连接图

(2) 调节 AT6030D 频谱仪的中心频率 $f_{\circ}$ 为 2000MHz,SPAN 为 1000MHz,观察 AT6030D 频谱仪的频谱,测量插入损耗 $L \leqslant 3$dB 时的频率值($f = 1800 \sim 2200$MHz)。

(3) 将环行器模块 2 端口与 3 端口对换连接,3 端口损耗 $L \geqslant 20$dB,即为

3 端口对 1 端口的隔离度 I。

（4）将环行器模块 1 端口与 2 端口对换连接，即 2 端口输入，3 端口输出，1 端口接终端，重复步骤（2），测量插入损耗 $L \leqslant 3\mathrm{dB}$ 时的频率值。

（5）将环行器模块 3 端口与 1 端口对换连接，即 2 端口输入，1 端口输出，重复步骤（3），测量 1 端口损耗 $L \geqslant 20\mathrm{dB}$，即为 1 端口对 2 端口输入的隔离度 I。

（6）将环行器模块 2 端口与 3 端口对换连接，即 3 端口输入，1 端口输出，2 端口接终端，重复步骤（2），测量插入损耗 $L \leqslant 3\mathrm{dB}$ 时的频率值。

（7）将环行器模块 1 端口与 2 端口对换连接，即 3 端口输入，2 端口输出，重复步骤（3），测量 2 端口损耗 $L \geqslant 20\mathrm{dB}$，即为 2 端口对 3 端口输入的隔离度 I。

12.6　实验报告要求

（1）根据实验步骤，给出实验结果数据。

（2）根据实验结果，总结、归纳被测量元件的特性是否满足理论结果。

实验十三

定向耦合器

13.1 实验目的

（1）掌握定向耦合的原理及基本方法。

（2）掌握用频谱分析仪器测量定向耦合器的参数。

13.2 实验设备

AT6030D 频谱分析仪、定向耦合器、50Ω 的终端负载。

13.3 实验原理

在射频和微波传输系统中，通常需要准确测试某一功率值，或者将某一输入功率按一定比例分配到各分支电路中去。例如，功率量值传递系统、相控阵雷达发射机功率分配、多路中继通信机中本振源功率分配等。定向耦合器由于本身插损耗小、频段宽、能承受较大的输入功率、可根据需要扩展量程、使用方便灵活、成本低等优点,而广泛应用于射频和微波传输系统中。由于定向耦合器是射频和微波系统中应用最广泛的元件,更是近代扫频反射计的核心部件,因此熟悉定向耦合器的特性,掌握其测量方法很重要。

定向耦合器是一种有方向性的无源射频和微波功率分配器件,其构成通常有波导、同轴线、带状线及微带等几种类型,其种类通常有单定向耦合器和双定向耦合器之分。本实验涉及的是单定向耦合器。定向耦合器包含主线和副线两部分,在主线中传输的射频和微波功率经过小孔或间隙等耦合机制,将一部分功率耦合到副线中去,由于波的干涉和叠加,使功率仅沿副线中的一个方向(称"正方向")传输,而在另一方向(称"反方向")几乎没有(或极少)功率传输。理想的定向耦合器一般为互易无损四口网络,如图 13-1 所示。主线 1,2 和副线 3,4 通过耦合机构彼此耦合。

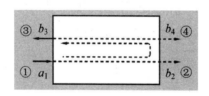

图 13-1　定向耦合器网络

定向耦合器的特性参量主要是①-耦合度,②-方向性,③-输入驻波比,④-带宽范围,在这里主要是讨论定向耦合器的耦合度和方向性。

13.3.1　耦合度及其测量

定向耦合器的耦合度是指输入信号耦合到副臂端的程度,即输入至主线的功率与副线中正向传输的功率之比,也称过渡衰减。耦合度 C 用当主臂终端接无反射匹配负载时,入射信号与输出信号(副臂)之比取对数之值表示:

$$C = 10\log \frac{P_1}{P_3}(\text{dB}) = 20\log \frac{U_1}{U_3}(\text{dB}) \tag{13.1}$$

其中,P_1、U_1 分别为主线输入端的功率及电压;P_3、U_3 分别为副线正方向传输的功率及电压。

13.3.2　方向性及其测量

方向性是指从匹配负载端往输出端漏出信号的程度,也就是副线中正方向传输的功率与反方向传输的功率之比或正向耦合度与反向耦合度的对数之差。一般来讲,方向性越大越好,方向性越大,表明其隔离性越好。常用的定向耦合器,方向性均在 15dB 以上。

定向耦合器的方向性 D 以正向耦合度与反向耦合度的对数之差表示:

$$D = 10\log\frac{P_3}{P_4}(\mathrm{dB}) = 20\log\frac{U_3}{U_4}(\mathrm{dB}) \tag{13.2}$$

其中,P_3、U_3 分别为耦合至副线正方向传输的功率及电压,P_4、U_4 分别为耦合至副线反方向传输的功率及电压。

有时,反映定向程度的指标也用隔离度来表示。隔离度表示输入至主线的功率与副线反方向传输的功率之比的对数,即

$$I = 10\log\frac{P_1}{P_4}(\mathrm{dB}) = 20\log\frac{U_1}{U_4}(\mathrm{dB})$$

根据以上定义可知:

$$D = 10\log\frac{P_3}{P_4} = 10\log\frac{P_1}{P_4} - 10\log\frac{P_1}{P_3} = I - C$$

故定向耦合器的方向性等于隔离度与耦合度之差。

定向耦合器还有一些技术指标,例如定向耦合器的插入损耗一般都较小,所以对测试结果的影响很小可以忽略不计。定向耦合器的驻波系数一般不大,能承受的功率一般都较大,这是一般类似器件难以达到的。

13.4　实验内容

测量定向耦合器的方向性、隔离度和耦合度。

13.5　实验方法和步骤

（1）将定向耦合器模块按图 13-2 连接。

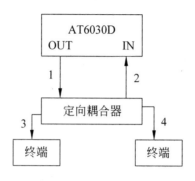

图 13-2　定向耦合器模块连接图

（2）调节 AT6030D 频谱仪的中心频率 f_0 为 1500MHz，SPAN 为 3000MHz，将 AT6030D 频谱仪的输出端和输入端用电缆连接，观察 AT6030D 频谱仪的频谱，测量插入损耗 L。

（3）将定向耦合器模块 2 端口与 3 端口对换连接，即 2 端口接频谱仪的输入端，3 端口接终端，即可测量定向耦合器的耦合度 C。

（4）将定向耦合器模块 3 端口与 4 端口对换连接，即 4 端口接频谱仪的输入端，3 端口接终端，即可测量定向耦合器的隔离度 I，其方向性

$$D = I - C$$

13.6　实验报告要求

（1）根据实验步骤，得出实验结果数据。

（2）根据实验结果，总结、归纳被测量元件的特性是否满足理论结果。

衰 减 器

14.1 实验目的

（1）掌握用频谱分析仪测量功率衰减器的各项参数。

（2）了解衰减器结构特点，设计方法。

14.2 实验设备

AT6030D 频谱分析仪、衰减器。

14.3 实验原理

在射频和微波传输系统中，通常需要控制功率电平，改善动态范围，衰减器有时作为一个去耦元件减小后级对前级的影响，也可以作为比较功率电平相对标准。从射频和微波网络观点来看，衰减器是一个二端口有耗微波网络，它属于通过型微波元件。

　　功率衰减器是一种能量损耗性射频(微波)元件,它是一个双端口网络结构,其技术指标包括衰减器的工作频带、衰减量、功率容量和回波损耗。

　　(1)衰减量:如图14-1所示,其信号输入端(Port-1)的功率为P_1,而其输出端(Port-2)的功率为P_2。若P_1、P_2以分贝毫瓦(dBm)来表示,且衰减器之功率衰减量为AdB,则两端功率间的关系,可写成:

$$P_2(\text{dBm}) = P_1(\text{dBm}) - A(\text{dB})$$

亦即

$$A\text{dB} = 10\log\frac{P_2(\text{mW})}{P_1(\text{mW})}$$

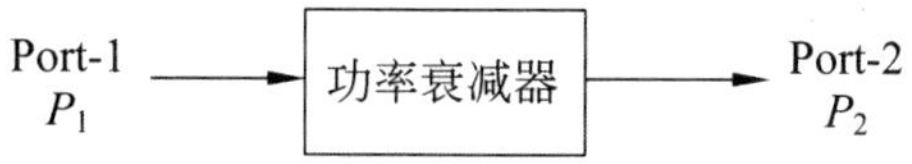

图 14-1　功率衰减器

　　(2)功率容量:衰减器是一种能量损耗性射频(微波)元件,能量损耗后会变成热能。当材料结构确定后,衰减器的功率容量也就确定了。如果让衰减器的承受功率超过这个极限,衰减器就会烧毁。

　　(3)回波损耗:回波损耗就是衰减器的驻波比。

14.4　实验内容

　　测量衰减器的衰减量。

14.5　实验步骤

　　(1)将衰减器模块按图14-2连接。

　　(2)调节 AT6030D 频谱仪的中心频率f_0为 1500MHz,SPAN 为3000MHz。先将频谱仪的输出端和输入端用电缆连接,测得参考电平P_1,然

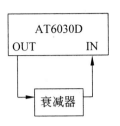

图 14-2　衰减器连接图

后将衰减器接入,测得接入电平 P_2,则衰减量

$$A = P_1 - P_2$$

14.6　实验报告要求

（1）根据实验步骤,得出实验结果数据。

（2）根据实验结果,总结、归纳被测量元件的特性是否满足理论结果。

功率分配器

15.1　实验目的

（1）了解功率分配器的结构原理，频率特性。

（2）掌握功率分配器参数测试原理。

（3）掌握用频谱仪完成功率分配器的测试。

15.2　实验设备

AT6030D频谱分析仪、功率分配器模块。

15.3　实验原理

在射频（微波）电路中，为了将功率按一定的比例分成二路或多路，需要使用功率分配器；功率分配器反过来使用就是功率合成器，在近代射频（微波）大功率放大器中广泛地使用功率分配器，而且通常成对使用。功率分配器的技术指标有频率范围、承受功率、插入损耗、分配比、隔离度和端口输入驻波比。

在射频(微波)电路中为了将功率一定比例分成两路或多路,需要使用功率分配器,功率分配器反过来使用就是功率合成器。功率分配器是一个多端口网络结构。其技术指标包括工作频带承受功率分配比、插入损耗、隔离度、VSWR 等。图 15-1 为三端口网络结构,其信号输入端(Port-1)的功率为 P_1,而其他两个输出端(Port-2 及 Port-3)的功率分别为 P_2 及 P_3。理论上,由能量守恒定律可知 $P_1 = P_2 + P_3$。若 $P_2 = P_3$ 并以毫瓦分贝(dBm)来表示三端功率间的关系,则可写成:

$$P_2(\text{dBm}) = P_3(\text{dBm}) = \text{Pin}(\text{dBm}) - 3\text{dB}$$

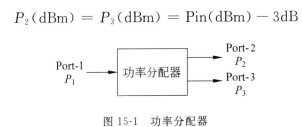

图 15-1   功率分配器

当然 P_2 并不一定要等于 P_3,只是相等的情况最常被使用于实际电路中。因此,功率分配器在大致上可分为等分型($P_2 = P_3$)及比例型($P_2 = k \cdot P_3$)等两种类型。

15.4   实验内容

(1)测量功率分配器隔离度。
(2)测量功率分配器两输出配比。
(3)测量插入损耗和有效带宽 ΔF。

15.5   实验步骤

(1)先将 AT 6030D 频谱仪输出端和输入端用电缆相连接,测得参考电平。

（2）将功率分配器模块按图 15-2 连接，AT6030D 频谱仪输出端和功率分配器 1 端口相接，功率分配器 2 端口与 AT6030D 频谱仪输入端连接，功率分配器 3 端口接终端载，测得接入电平 P_2。

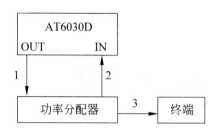

图 15-2　功率分配器连接图

（3）将功率分配器模块 2 端口与 3 端口对换连接，测得接入电平 P_3，此时应有 $P_1 = P_2 + P_3 + L$，插入损耗 $L = P_1 - (P_2 + P_3)$，$P_2 = P_3$。

（4）将 AT6030D 频谱仪输出端和功率分配器 2 端口连接，功率分配器 3 端口与 AT6030D 频谱仪输入端连接，功率分配器 1 端口接终端载，测得接入电平 P_4，其隔离度 $I = P_1 - P_4$。

（5）将 AT6030D 频谱仪输出端和功率分配器 3 端口连接，功率分配器 2 端口与 AT6030D 频谱仪输入端连接，功率分配器 1 端口接终端载，测得接入电平 P_5，其隔离度 $I = P_1 - P_5$，有效带宽 ΔF 为隔离度 $I \geqslant 10\text{dB}$ 时的功率分配器工作带宽。

15.6　实验报告要求

（1）根据实验步骤，得出实验结果数据。

（2）根据实验结果，总结、归纳被测量元件的特性是否满足理论结果。

实验十六

混　合　环

16.1　实验目的

（1）了解混合环的结构原理,频率特性。

（2）掌握混合环参数测量方法。

（3）熟悉混合环各端口之间相互关系。

16.2　实验设备

AT6030D 频谱分析仪、混合环模块和 50Ω 终端负载。

16.3　实验原理

混合环又称环形桥,由于它与波导魔 T 有相同的性质,故又称魔 T,它的功能与 3dB 桥相似,不同的是两个输出端口的相位差 $180°$,当信号从 1 端口输入时,2 端口和 4 端口有输出,3 端口无信号输出。当信号从 2 端口输入时,

1 端口和 3 端口有信号输出,4 端口没有信号输出。

从理论上混合环的两个输出端口的功率比值可以是任意的,实际中各个环段上的阻抗不宜相差太大,阻抗相差太大难以实现,工程中常用的混合环两个输出口是等功率的,混合环的设计,就是按照分配比计算阻抗值和长度,对于等功率的混合环有各个输入端口特性阻抗 $Z_0 = 50\Omega$,环阻抗 $Z_1 = 2Z_0$ 两端口之间距离为四分之一波长或四分之三波长。

当信号从混合环的 1 端口输入时,信号分成 2 路,一路顺时针传输,另一路反时针传输,当 2 路信号到达 2 端口和 4 端口时,2 路信号同相,2 端口 4 端口有输出,而 2 路信号到达 3 端口时,顺时针一路经过 1/2 波长,反时针一路经过一个波长,2 路信号反相,故 3 端口无输出,同理当信号从混合环的 4 端口输入时,1 端口 3 端口有输出,2 端口无输出,由于混合环是一个互易器件,所以当信号从混合环的 2,3 端口输入时,2 路信号同相端口有输出,2 路信号反相端口无输出。

16.4　实验内容

分配功率电平的测量和隔离端电平的测量。

16.5　实验步骤

(1) 先将 AT6030D 频谱仪输出端和输入端用电缆相连接,测得参考电平 P_1。

(2) 将混合环模块按图 16-1 连接。

(3) 将 AT6030D 频谱仪输出端和混合环 1 端口相接,混合环 2 端口与 AT6030D 频谱仪输入端相连接,3 端口 4 端口接终端,测得接入电平 P_2,然后将混合环 4 端口与 AT6030D 频谱仪输入端相连接,2 端口 3 端口接终端,测得接入电平 P_4,同理可测得 P_3,可以得分配功率电平 $P_1 = P_2 + P_3 + L$ 和隔

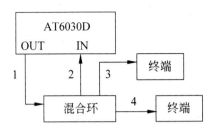

图 16-1　混合环连接图

离端电平 $P_I = P_1 - P_3$。

（4）将 AT6030D 频谱仪输出端和混合环其他端口相接，重复步骤（3），可测得相应的分配功率电平和隔离端电平。

16.6　实验报告要求

（1）根据实验步骤，得出实验结果数据。

（2）根据实验结果，总结、归纳被测量元件的特性是否满足理论结果。

实验十七

滤波器(LPF、HPF、BPF、BSF)

17.1 实验目的

（1）了解不同类型的滤波器以及其频谱特性。

（2）掌握滤波器测试的原理。

（3）掌握用频谱仪来完成滤波器的测试。

（4）掌握用频谱仪的测试结果提取滤波器主要参数。

17.2 实验设备

AT6030D 频谱分析仪,滤波器（LPF、HPF、BPF、BSF）。

17.3 实验原理

广义而言,凡是有能力进行信号处理的装置都可以称为滤波器。狭义而言,射频滤波器是用来分离不同频率 RF 信号的一种器件。它的主要作用是抑制不需要的信号,使其不能通过滤波器,而只让需要的信号通过。实际上很多射频元件都具有一定的频率响应特性,都可以用滤波器的理论进行分析。因为集中参数滤波器的理论比较成熟,所以尽管射频滤波器在很多方面有它自己的特点,但在一定频率范围内,在分析射频滤波器的特性时,仍可以采用与它相近的集中参数的等效电路来进行分析。这样,对绝大多数的射频滤波器,就可以采用集中参数滤波器的设计原理和分析方法。

利用频谱分析仪测试时,可以不用考虑滤波器的内部结构,而将它看作一个二端口网络来测试它的各项性能。显然这种方法不但特别方便、准确,而且也能用于其他具有一定的频率响应特性的射频元件和网络。通过这种具有普遍性的实验方法的学习和实践,可把书本的理论知识与工程实际相结合,加深对理论知识的理解,对培养实践动手能力、观察发现问题和解决问题的能力以及培养学生工程研究能力具有一定的现实意义。

滤波器按频率通带范围分类可分为低通、高通、带通、带阻和全通五个类别,而梳形滤波器属于带通和带阻滤波器,因为它有周期性的通带和阻带。如果按滤波器在射频系统中的用途分类,主要有发射滤波器、接收滤波器和带阻滤波器等。

发射滤波器主要用于对发射部分所生成的带外噪声进行限制。放大器和(或)发射系统所生成的宽带噪声如果未得到抑制,经常会对接收系统造成干扰或致使其灵敏度降低。另外,发射噪声可能会干扰同址系统或在发射系统的直接路径(视距)中的其他系统的其他业务。

发射滤波器(不包括连接器、电缆或相关的路径内损耗)的插入损耗直接对天线处的射频总功率构成影响。因此,发射滤波器插入损耗对天线处能够得到的辐射射频功率极其重要。因为发射滤波器的插入损耗直接影响天线处的射频功率,也就直接影响发射系统的效率。对于很高功率的系统,较高的发射滤波器损耗会转化为相当高的能量消耗。由于小区站点数以及每个站点的滤波器数量大,总的成本是相当可观的。

抑制是发射滤波器的另一个关键的工作参数。正如前面所述,需要有足够的抑制才能将宽带发射噪声降到可接受的水平。经常不得不在发射滤波器的损耗、抑制和尺寸之间做一个折中选择。某项指标经常会同时要求较高的抑制和较低的损耗,但又不提供实现滤波器的足够的物理空间。在这些情况下,要获得一个可接受的解决方案,需要进行设计权衡。对于双工器的发射路径,还应当考虑多重发射载波所导致的高峰功率和 IMD 效应。

接收滤波器主要用作前端预选器,用于在进行低噪声放大和下行转换之前,对带外能量进行抑制或限制。接收滤波器还用于对天线本机振荡器的再辐射进行抑制,从而消除对其他业务所导致的干扰。

在分集系统中,接收滤波器位于主要和辅助接收路径中。降低接收滤波器插入损耗至关重要,因为插入损耗直接影响到系统的噪声指数。

带阻滤波器对有限范围内的频率或信道进行抑制或"阻挡"的同时,可以让很宽范围内的频率通过。带阻滤波器经常是为了消除有害干扰而作为"修复"或"补丁"装入系统中的。

测试应用环境经常也会要求使用带阻滤波器。

带阻滤波器要考虑的指标有通带中的插入损耗和功率处理、带阻区域中的抑制以及通带和带阻抑制频率范围之间的过渡"陡度"。

一般主要应考虑的滤波器参数有:

(1) 截止频率 f_c:低通滤波器中的上通带边缘或者高通滤波器中的下通带边缘,或最靠近阻带的通带边缘,有时称作 3dB 点。

(2) 带宽:带通滤波器的通带宽度是较低(F_1)和较高(F_2)转角频率之间的频差,转角频率对应于 3dB 点。

(3) 中心频率 f_0:较低(F_1)和较高(F_2)转角频率的算术平均值或几何平均值,即

$$f_0 = \frac{F_1 + F_2}{2} \tag{17.1}$$

$$f_0 = \frac{F_1 \times F_2}{2} \tag{17.2}$$

（4）衰减：信号在通过耗散网络或其他媒体时所导致的电压损耗（以 dB 为单位）。

（5）插入损耗：在电路中插入滤波器所导致的信号损耗。这以 dB（分贝）为量度，且有很多不同的定义。通常，这就是电路中插有滤波器时提供给负载的电压（在高峰频率响应处），与用一个理想的无损耗匹配变压器替换了滤波器后负载的电压之比。当在两个阻抗有很大不同的电路中间插入滤波器时，则以其他方式指定插入损耗有时则更实际一些。

（6）相对衰减：将最低衰减点当作 0dB 时所测得的衰减，或者相对衰减等于衰减减去插入损耗。

（7）波纹：通常指滤波器的幅度响应中所发生的波状变异。

（8）通带波纹：频率衰减在滤波器通带内的变化。

17.4　实验内容

测量插入损耗 L、频率响应、带宽、带外抑制等参数。

17.5　实验步骤

（1）先将 AT6030D 频谱仪工作调在中心频率 f_c 为 1500MHz，SPAN 为 3000MHz，AT6030D 频谱仪输出端和输入端用电缆相连接，测得参考电平 P_1。

（2）将滤波器模块按图 17-1 连接：AT6030D 频谱仪输出端用电缆接滤波器的一端口，另一端口和频谱仪输入端相连接，此时可测得滤波器输出电平与频率的关系曲线，从关系曲线可以获得插入损耗 L、频率响应、带宽、通带纹波和带外抑制等参数。

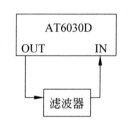

图 17-1　滤波器连接图

（3）重复步骤（1）（2）分别对低通（LPF）、高通

（HPF）、带通（BPH）和带阻（BSF）进行测量并记录相关参数。

17.6 实验报告要求

（1）根据实验步骤，得出实验结果数据。

（2）根据实验结果，总结、归纳被测量元件的特性是否满足理论结果。

实验十八

分支耦合器

18.1　实验目的

（1）了解分支耦合器的原理。

（2）掌握分支耦合器的测量方法。

18.2　实验设备

AT6030D频谱分析仪、分支耦合器模块和50Ω终端负载。

18.3　实验原理

　　分支耦合器在微波集成电路中有广泛的用途，尤其是功率等分的3dB耦合器，不仅因为结构简单，制造容易，而且输出端口位于同一，方便与有关导体器件结合，构成平衡混频器、倍频器、移相器、衰减器和开关等微波电子线路。不论分支线两个输出端口的功率是否相等，在中心频率上两个输出信号

的相位总是相差 $90°$。从工艺上考虑,分支耦合器容易实现紧耦合,实现弱耦合比较困难。

由于各个支路在中心频率上是四分之一波导波长,由于微带的波导波长还与阻抗有关,故支线与主线的长度不等,阻抗因素越大,尺寸越长。如果分支耦合器的各个端口接匹配负载,信号从 1 端口输入,3 端口没有输出,为隔离端,2 口和 4 口的相位相差 $90°$,功率大小由主线和支线的阻抗决定。

分支耦合器又称 3dB 桥,它是一个四端器件,当信号从 1 端口输入时,2 端口和 4 端口有输出,3 端口无输出,当信号从 3 端口输入时,2 端口和 4 端口有输出,4 端口无输出,1、3 端口与 2、4 端口互易。

18.4　实验内容

(1) 测量各输出端口的功率并比较。

(2) 测量分支耦合器的隔离度和插入损耗。

18.5　实验步骤

(1) 先将 AT6030D 频谱仪工作频率调在中心频率 f_c 为 1500MHz,SPAN 为 3000MHz,AT6030D 频谱仪输出端和输入端用电缆相连接,测得参考电平 P_1。

(2) 将分支耦合器模块按图 18-1 连接:AT6030D 频谱仪输出端用电缆接的分支耦合器 1 端口,2 端口和频谱仪输入端相连接,3 端口和 4 端口接终端,此时可测得 2 端口输出电平 P_2 与频率的关系曲线。

(3) 将分支耦合器 2 端口和 4 端口对换连接,可测得 4 端口输出电平 P_4 与频率的关系曲线,则插入损耗 $L=P_1-(P_2+P_4)$。

(4) 将分支耦合器 4 端口和 3 端口对换连接,可测得 3 端口输出电平 P_3 与频率的关系曲线,则隔离度 $I=P_2-P_4$。

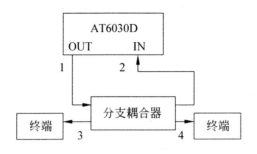

图 18-1　分支耦合器连接图

（5）同理，信号从 3 端口输入，2 端口和 4 端口有输出，3 端口无输出，由于 P_2、P_4 非常接近，$P_2 = P_4 = P_1 - 3\text{dB}$，所以分支耦合器又称 3dB 桥。

18.6　实验报告要求

（1）根据实验步骤，得出实验结果数据。

（2）根据实验结果，总结、归纳被测量元件的特性是否满足理论结果。

实验十九

匹配负载

19.1 实验目的

（1）掌握阻抗匹配的原理和方法。

（2）掌握阻抗匹配技术。

19.2 实验设备

AT6030D频谱分析仪、测量线和匹配负载。

19.3 实验原理

匹配是射频和微波技术中的一个重要概念，通常包含两方面的意义：一是源的匹配；二是负载的匹配。通常射频和微波系统中都希望采用匹配源，可使波源不再产生二次反射，从而减少测量误差；同时，匹配负载可以从匹配源中取出最大功率。在传输射频和微波功率时，希望负载也是匹配的，因为负载匹配时,传输效率最高、功率容量最大,源的工作也较稳定。所以熟悉掌握匹配的原理和有关技巧,对分析和解决射频和微波技术中的实际问题具有十分重要的意义。

阻抗匹配是射频和微波技术中经常遇到的问题。为了使信号源输出最大功率,则要求信号源的内阻抗与传输线始端的输入阻抗互为共轭复数;为了使终端负载吸收全部入射功率,而不产生反射,则要求终端负载与传输线的特性阻抗相等;为了使信号源工作稳定,则要求没有或很少有返回信号源的波。所有这些都是阻抗匹配要解决的问题。

在小功率时构成匹配源最简单的办法,是在信号源(它本身并非匹配源)的输出端口接一个衰减量足够大的吸收式衰减器,或一个隔离器。使负载反射的波通过衰减进入到信号源后的二次反射已微不足道,可以忽略。负载的匹配,则是要解决如何消除负载反射的问题,因而调整匹配过程的实质,就是使调配器产生一个反射波,其幅度和匹配元件产生的反射波幅度相等,而相位相反,从而抵消失配元件在系统中引起的反射而达到匹配。

匹配的方法很多,可以根据不同的场合和要求灵活选用。对于固定的负载,通常可在系统中接入隔离器、膜片、销钉、谐振窗以达到匹配目的,而在负载变动的情况下可以接入滑动单螺、多螺及单短截线等各种类型的调配器。

本实验主要测量在负载短路、负载开路、负载匹配三种情况下的驻波比等参数,从实验结果中得出哪种情况下阻抗更为匹配。

(1)当传输线终端接有等于线的特性阻抗的负载时,信号源传向负载的能量将被负载完全吸收,而无反射,此时称传输线工作于行波状态,或者说传输线与负载处于匹配状态。

在行波状态下,均匀无耗线上各点电压复振幅的值是相同的,各点电流复振幅的值也是相同的,即它们都不随距离而变化;而且电压和电流的瞬时值是同相的。显然,在这种状态下,随着时间的增加,一个随着时间做简谐振荡的、等振幅值的电磁波把信号源的能量不断地传向负载并被负载吸收。工作于行波状态时,传输线的输入阻抗为 $Z_{in}(z) = Z_0$,显然反射系数为0,驻波

比为 $\rho=1$，行波系数 $K=1$。

（2）短路线（终端短路）终端被理想导体（电导率为无穷大）所短路（或被封闭起来）的一段有限长的传输线，简称为短路线。根据理想导体的边界条件可知，在短路线终端处，导体上电场的切向分量应为 0，因此终端负载上的电压也应为 0。短路线的输入阻抗为 $Z_{in}(z)=jZ_0\tan\beta z$，显然反射系数 $\Gamma(z)=-1e^{-j2\beta z}$，驻波比 $\rho=\infty$，行波系数 $K=0$。

（3）开路线（终端开路）当传输线的终端负载为 ∞ 时，一段有限长的传输线称为开路线。此时终端电流为 0，开路线的输入阻抗为 $Z_{in}(z)=-jZ_0\cot\beta z$，显然反射系数 $\Gamma(z)=1e^{-j2\beta z}$，驻波比 $\rho=\infty$，行波系数 $K=0$。

19.4　实验内容

通过对不同负载及匹配负载的驻波比等参数进行测量，在频谱分析仪器上得到最佳的匹配方案，从而得出在何种情况下能更好的匹配，以便减少损耗，提高效率。

19.5　实验步骤

（1）将匹配负载模块按图 19-1 连接。

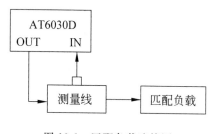

图 19-1　匹配负载连接图

（2）调节 AT6030D 频谱仪的中心频率 f_0 为 100MHz～3000MHz 中任选一点，SPAN 为 0MHz，将 AT6030D 频谱仪的输出端和测量线输入端用电缆连接,测量线另一端分别接匹配负载模块,滑块输出端与频谱仪输入端相连接,移动滑块,观察 AT6030D 频谱仪的频谱线的变化,可测量该匹配负载的电压驻波比。

（3）重复步骤（2）,测量负载开路及负载短路情况下的电压驻波比。

19.6　实验报告要求

（1）根据实验步骤,得出实验结果数据。

（2）根据实验结果,总结、归纳被测量元件的特性是否满足理论结果。

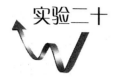

测 量 线

20.1 实验目的

（1）了解基本的传输线，微带线和特性。

（2）熟悉 RF3030 教学系统的基本构成和功能。

（3）掌握利用实验模块实际测量微带线的特性。

20.2 实验设备

AT6030D 频谱分析仪、测量线模块、测量放大器和 50Ω 终端负载。

20.3 实验原理

对电磁波的理性和感性认识，是学习射频、微波理论和技术首先要解决好的一个基本问题。目前多媒体技术的发展，已经很容易给出电磁波具体而生动的图像，但尽管如此，电磁波对许多人而言，仍然还是看不见、摸不着的抽象概念。本实验的主要意义,首先在于使学生认识到通过实验不仅仅能测出电磁波的振幅随时间的变化,而且能通过实验测出电磁波的振幅随空间的变化,从而认识到电磁波也具有波动过程的一般特征,它的频率和波长都是可以用频谱分析仪测量的。

　　射频测量系统根据给定的测量任务和所采用的测量方法,可以用一些分立的测量仪器和辅助元件来组成;也可以根据某种成熟的测量方法构成一种现成的成套测量设备,只要接入待测件就可以组成一个完整的测量系统。对传输线上波的测量用一般实验方法能测量的驻波比可达 50 左右,至于测量大于 100 的驻波比,必须采用特殊的方法。由于频谱仪具有高灵敏度,宽动态范围的特点,所以用频谱仪作为指示器就能测量高达 1000 左右的驻波比。

　　通过对微带传输线上波的测量,原则上可以得出与专用的微波测量线同样的结果。这对分析理解传输线上的波过程,了解在射频、微波领域有重要作用的驻波测量技术也有很重要的指导意义。

　　在射频(微波)频段,工作波长与导线尺寸处在同一量级。在传输上波的电压电流信号是时间及传输距离的函数,一条单位长度传输线的等电路可由 R、L、G、C 四个元件组成。

　　(1) 分布电阻 R。定义为传输线单位长度上的总电阻值,单位为 Ω/m。

　　(2) 分布电导 G。定义为传输线单位长度上的总电导值,单位为 S/m。

　　(3) 分布电感 L。定义为传输线单位长度上的总电感值,单位为 H/m。

　　(4) 分布电容 C。定义为传输线单位长度上的总电容值,单位为 F/m。

　　如图 20-1 所示,假设波的传播方向为 $+z$ 轴方向,由基尔霍夫定律建立传输线方程式为:

$$\frac{d^2 U(z)}{dz^2} - (RG - \omega^2 LC)U(z) - j\omega(RC + LG)U(z) = 0 \quad (20.1)$$

其中,假设电压及电流是时间变量 t 的正弦函数,此时的电压和电流可用角频率 ω 的变数表示为:

$$u(z,t) = U(z)e^{j\omega t} \quad (20.2)$$

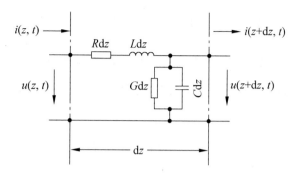

图 20-1 单位长度传输线等效模型

$$i(z,t) = I(z)\,\mathrm{e}^{\mathrm{j}\omega t} \tag{20.3}$$

而两个方程式的解可写成：

$$U(z) = U^+\,\mathrm{e}^{-\gamma z} + U^-\,\mathrm{e}^{\gamma z} \tag{20.4}$$

$$I(z) = I^+\,\mathrm{e}^{-\gamma z} - I^-\,\mathrm{e}^{\gamma z} \tag{20.5}$$

其中，U^+、U^-、I^+、I^- 分别是波信号的电压及电流振幅常数，而 $+$、$-$ 则分别表示 $+z$，$-z$ 的传输方向。γ 则是传输系数，其定义如下：

$$\gamma = \sqrt{(R+\mathrm{j}\omega L)(G+\mathrm{j}\omega C)} \tag{20.6}$$

而波在 z 上任意一点的总电压及电流的关系则可由下列方程式表示：

$$\frac{\mathrm{d}U}{\mathrm{d}z} = -(R+\mathrm{j}\omega L)\cdot I \quad \frac{\mathrm{d}I}{\mathrm{d}z} = -(G+\mathrm{j}\omega C)\cdot U \tag{20.7}$$

将式(20.4)及式(20.5)代入式(20.6)可得：

$$\frac{U^+}{I^+} = \frac{\gamma}{G+\mathrm{j}\omega C} \tag{20.8}$$

一般将上式定义为传输线的特性阻抗为：

$$Z_0 = \frac{U^+}{I^+} = \frac{U^-}{I^-} = \frac{\gamma}{G+\mathrm{j}\omega C} = \sqrt{\frac{R+\mathrm{j}\omega L}{G+\mathrm{j}\omega C}} \tag{20.9}$$

当 $R=G=0$ 时，传输线没有损耗。因此，一般无耗传输线的传输系数及特性阻抗分别为：

$$\gamma = \mathrm{j}\beta = \mathrm{j}\omega\,\sqrt{LC} \tag{20.10}$$

$$Z_0 = \sqrt{\frac{L}{C}} \tag{20.11}$$

此时传输系数为纯虚数。对于大多数的射频传输线而言,其损耗都很小;亦即 $R \ll \omega L$ 且 $G \ll \omega C$。所以 R、G 可以忽略不计,此时传输线的传输系数可写成:

$$\gamma \approx j\omega \sqrt{LC} + \frac{\sqrt{LC}}{2}\left(\frac{R}{L} + \frac{G}{C}\right) = \alpha + j\beta \tag{20.12}$$

则式(20.12)中与在无耗传输线中是一样的,α 定义为传输线的衰减常数,其公式分别为:

$$\beta = j\omega \sqrt{LC} \tag{20.13}$$

$$\alpha = \frac{\sqrt{LC}}{2}\left(\frac{R}{L} + \frac{G}{C}\right) = \frac{1}{2}(RY_0 + GZ_0) \tag{20.14}$$

其中,Y_0 定义为传输线之特性导纳,其公式为:

$$Y_0 = \frac{1}{Z_0} = \sqrt{\frac{C}{L}} \tag{20.15}$$

考虑一段特性阻抗 Z_0 之传输线,一端接信号源,另一端则接上负载。并假设此传输线无耗,且其传输系数 $\gamma = j\beta$,则传输线上电压及电流方程式可以表示为:

$$U(z) = U^+ e^{-\gamma z} + U^- e^{\gamma z} \tag{20.16}$$

$$I(z) = I^+ e^{-\gamma z} - I^- e^{\gamma z} \tag{20.17}$$

若考虑在负载端($z=0$)上,则其电压及电流为:

$$U = U_L = U^+ + U^- \tag{20.18}$$

$$I = I_L = I^+ - I^- \tag{20.19}$$

而且 $Z_0 I^+ = U^+$,$Z_0 I^- = U^-$,所以式(20.19)可改写成:

$$I_L = \frac{1}{Z_0}(U^+ - U^-) \tag{20.20}$$

合并式(20.18)及式(20.20)可得负载阻抗为:

$$Z_L = \frac{U_L}{I_L} = Z_0 \left(\frac{U^+ + U^-}{U^+ - U^-} \right) \tag{20.21}$$

定义归一化阻抗：

$$\overline{Z}_L = \frac{Z_L}{Z_0} = \frac{1 + \Gamma_L}{1 - \Gamma_L} \tag{20.22}$$

其中，Γ_L 定义为负载端的电压反射系数，即

$$\Gamma_L = \frac{U^-}{U^+} = \frac{\overline{Z_L} - 1}{\overline{Z}_L + 1} \tag{20.23}$$

当 $Z_L = Z_0$ 时，则 $\Gamma_L = 0$ 时，此状况称为传输线与负载匹配。在此，定义两个重要参数电压驻波比及回波损耗，即

$$\text{VSWR} = \frac{1 + |\Gamma_L|}{1 - |\Gamma_L|} \tag{20.24}$$

$$RL = -20\log(|\Gamma_L|) \tag{20.25}$$

若考虑在距离负载端长 $L(z = -L)$ 处，即传输线长度为 L。则其反射系数 Γ_L 应改成

$$\Gamma_L(L) = \frac{U^- \, e^{-j\beta L}}{U^+ \, e^{j\beta L}} = \frac{U^-}{U^+} e^{-j\beta L} = \Gamma_L \cdot e^{-j2\beta L} \tag{20.26}$$

而其输入阻抗则可定义为：

$$Z_{\text{in}} = Z_0 \frac{Z_L + jZ_0 \tan(\beta L)}{Z_0 + jZ_L \tan(\beta L)} \tag{20.27}$$

由上式可知，当 $L \to \infty$ 时，$Z_{\text{in}} \to Z_0$。当 $L = \frac{\lambda}{2}$ 时，$Z_{\text{in}} = Z_L$。当 $L = \frac{\lambda}{4}$ 时，$Z_{\text{in}} = \frac{Z_0^2}{Z_L}$。

20.4　实验内容

（1）测量测量线开路、短路、接 50Ω 终端负载时的电压驻波比。

（2）测量移动滑块时输出信号的变化规律。

20.5　实验步骤

（1）测量线为微带线结构,滑块移动距离≥170mm,测量线测试按图 20-2 连接。

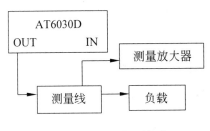

图 20-2　测量线连接图

（2）当测量线接 50Ω 终端时,移动滑块,其在测量放大器上显示的电压驻波比≤1.05。

（3）当测量线接开路时,移动滑块,其在测量放大器上显示的电压驻波比≥10。

（4）当测量线接短路时,移动滑块,其在测量放大器上显示的电压驻波比≥10,且其最大值滑块位置恰好是测量线接开路时的最小值滑块位置。

20.6　实验报告要求

（1）根据实验步骤,得出实验结果数据。

（2）根据实验结果,总结、归纳被测量元件的特性是否满足理论结果。

实验二十一

矩形波导TE$_{10}$的仿真

21.1　实验目的

（1）熟悉 HFSS 软件的使用。

（2）掌握导波场分析和求解方法，矩形波导的基本设计方法。

（3）利用 HFSS 软件进行电磁场分析，掌握矩形波导 TE$_{10}$模的场结构和管壁电流结构规律及特点。

21.2　实验设备

微型计算机、高频仿真 Ansoft 软件 HFSS。

21.3　实验原理

广义来讲，所有能够导引电磁波沿一定方向传输的物质结构都可称为波导。微波技术这门课程中提到的波导则是特指横截面形状不变的单根"柱状"空心金属管,即所谓规则金属波导。这种波导一般用来指引厘米波或毫米波。图 21-1 为一个典型的矩形波导,该波导沿 z 轴传播,a 和 b 分别为该波导的宽边和窄边尺寸。

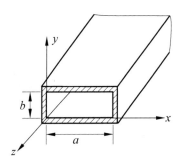

图 21-1　矩形波导及其坐标

通过对矩形波导中的场进行求解,可以得到矩形波导传输 TE 波时其电场和磁场的分布,如下式所示:

$$E_x = \sum_{m=0}^{\infty}\sum_{n=0}^{\infty} \frac{\mathrm{j}\omega\mu}{k_c^2}\frac{n\pi}{b}H_{mn}\cos\left(\frac{m\pi}{a}x\right)\sin\left(\frac{n\pi}{b}y\right)\mathrm{e}^{-\mathrm{j}\beta z}$$

$$E_y = \sum_{m=0}^{\infty}\sum_{n=0}^{\infty} \frac{-\mathrm{j}\omega\mu}{k_c^2}\frac{m\pi}{a}H_{mn}\sin\left(\frac{m\pi}{a}x\right)\cos\left(\frac{n\pi}{b}y\right)\mathrm{e}^{-\mathrm{j}\beta z}$$

$$E_z = 0$$

$$H_x = \sum_{m=0}^{\infty}\sum_{n=0}^{\infty} \frac{\mathrm{j}\beta}{k_c^2}\frac{m\pi}{a}H_{mn}\sin\left(\frac{m\pi}{a}x\right)\cos\left(\frac{n\pi}{b}y\right)\mathrm{e}^{-\mathrm{j}\beta z} \qquad (21.1)$$

$$H_y = \sum_{m=0}^{\infty}\sum_{n=0}^{\infty} \frac{\mathrm{j}\beta}{k_c^2}\frac{n\pi}{b}H_{mn}\cos\left(\frac{m\pi}{a}x\right)\sin\left(\frac{n\pi}{b}y\right)\mathrm{e}^{-\mathrm{j}\beta z}$$

$$H_z = \sum_{m=0}^{\infty}\sum_{n=0}^{\infty} H_{mn}\cos\left(\frac{m\pi}{b}x\right)\cos\left(\frac{n\pi}{b}y\right)\mathrm{e}^{-\mathrm{j}\beta z}$$

其中,$k_c = \sqrt{\left(\frac{m\pi}{a}\right)^2 + \left(\frac{n\pi}{b}\right)^2}$ 为矩形波导 TE 波的截止波数,显然它与波导尺寸、传输波型有关。m 和 n 分别代表 TE 波沿 x 方向和 y 方向分布的半波个数,一组 m 和 n 对应一种 TE 波,称作 TE$_{mn}$ 模;但 m 和 n 不能同时为 0,否则

场分量全部为 0。因此,矩形波导能够存在 TE$_{m0}$模和 TE$_{0n}$模及 TE$_{mn}$(m,$n\neq0$)模;其中 TE$_{10}$模是最低次模,其他称为高次模。

用 TE 波相同的方法可求得 TM 波的全部场分量。

$$E_x = \sum_{m=1}^{\infty}\sum_{n=1}^{\infty}\frac{-\mathrm{j}\beta}{k_c^2}\frac{m\pi}{a}E_{mn}\cos\left(\frac{m\pi}{a}x\right)\sin\left(\frac{n\pi}{b}y\right)\mathrm{e}^{-\mathrm{j}\beta z}$$

$$E_y = \sum_{m=1}^{\infty}\sum_{n=1}^{\infty}\frac{-\mathrm{j}\beta}{k_c^2}\frac{n\pi}{b}E_{mn}\sin\left(\frac{m\pi}{a}x\right)\cos\left(\frac{n\pi}{b}y\right)\mathrm{e}^{-\mathrm{j}\beta z}$$

$$E_z = \sum_{m=1}^{\infty}\sum_{n=1}^{\infty}E_{mn}\sin\left(\frac{m\pi}{a}x\right)\sin\left(\frac{n\pi}{b}y\right)\mathrm{e}^{-\mathrm{j}\beta z} \tag{21.2}$$

$$H_x = \sum_{m=1}^{\infty}\sum_{n=1}^{\infty}\frac{\mathrm{j}\omega\varepsilon}{k_c^2}\frac{n\pi}{b}E_{mn}\sin\left(\frac{m\pi}{a}x\right)\cos\left(\frac{n\pi}{b}y\right)\mathrm{e}^{-\mathrm{j}\beta z}$$

$$H_y = \sum_{m=1}^{\infty}\sum_{n=1}^{\infty}\frac{-\mathrm{j}\omega\varepsilon}{k_c^2}\frac{m\pi}{a}E_{mn}\cos\left(\frac{m\pi}{a}x\right)\sin\left(\frac{n\pi}{b}y\right)\mathrm{e}^{-\mathrm{j}\beta z}$$

$$H_z = 0$$

其中,$k_c=\sqrt{\left(\dfrac{m\pi}{a}\right)^2+\left(\dfrac{n\pi}{b}\right)^2}$,$E_{mn}$为模式电场振幅数。TM$_{11}$模是矩形波导 TM 波的最低次模,其他均为高次模。总之,矩形波导内存在许多模式的波,TE 波是所有 TE$_{mn}$模式场的总和,而 TM 波是所有 TM$_{mn}$模式场的总和。

在导行波中截止波长 λ_c 最长的导行模称为该导波系统的主模,因而也能进行单模传输。矩形波导的主模为 TE$_{10}$模,因为该模式具有场结构简单、稳定、频带宽和损耗小等特点,所以实用时几乎毫无例外地工作在 TE$_{10}$模式。

将 $m=1$,$n=0$,$k_c=\pi/a$,代入 TE 波的场分布表达式,并考虑时间因子 $\mathrm{e}^{\mathrm{j}\omega t}$,可得 TE$_{10}$模各场分量表达式为:

$$E_y = \frac{\omega\mu a}{\pi}H_{10}\sin\left(\frac{\pi}{a}x\right)\cos\left(\omega t-\beta z-\frac{\pi}{2}\right)$$

$$H_x = \frac{\beta a}{\pi}H_{10}\sin\left(\frac{\pi}{a}x\right)\cos\left(\omega t-\beta z+\frac{\pi}{2}\right) \tag{21.3}$$

$$H_z = H_{10}\cos\left(\frac{\pi}{a}x\right)\cos(\omega t - \beta z)$$

$$E_x = E_z = H_y$$

可以看到矩形波导 TE_{10} 模场结构特点有以下几种。

（1）TE_{10} 模电场有唯一的分量 E_y。不随 y 变化、随 x 呈正弦变化（两端为 0,中间最大；宽边上有半个驻波）。

（2）磁场有 H_z、H_x 两个分量,均不随 y 变化,故磁力线在 xoy 平面内为闭合曲线,轨迹为椭圆。H_x 随 x 呈正弦变化；H_z 随 x 呈余弦变化。二者在宽边上均有半个驻波分布。

（3）电场、磁场以整个场型向 z 方向传播。

21.4   实验内容

（1）基于微波传输线的理论基础,设计一个矩形波导。

（2）使用 HFSS 软件建模波导结构,选取合适的参数,并对其参数进行优化、仿真,得到波导场分布。

（3）根据软件设计的结果和理论分析结果比较。

21.5   实验步骤

（1）新建工程文件并设置模型单位。

从主菜单选择 Modeler→Units。将 Set Model Units 对话框打开,选择（mm）单位,如图 21-2 所示。

（2）创建波导模型。

菜单栏 Draw→Box 创建一个长方体,长方体尺寸 300mm × 70mm × 35mm,如图 21-3 所示。

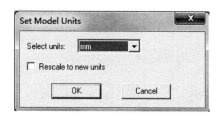

图 21-2　设置模型单位

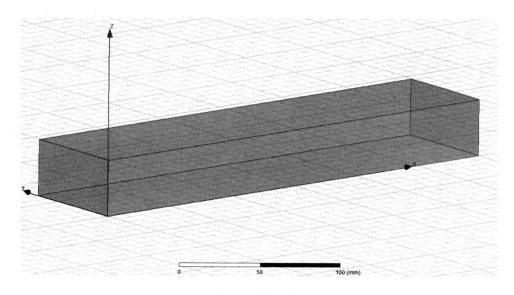

图 21-3　创建从长方体

设置激励端口：在菜单中依次单击 Edit→Select→Faces 选择长方体的上表面，HFSS→Excitations→Assign→Wave Port，如图 21-4 所示。

（3）设置求解频率。

如图 21-5 所示，求解设置窗口中做以下设置：Solution Frequency：4GHz；Maximun Number of Passes：6；Maximun Delta S per Pass：0.02。

（4）设计检查和运行仿真计算。

单击 3D toolbar 中的 ▨图标，来检查设计的完整性和正确性。再从主菜单栏中选中 HFSS-Analyze All 或者单击工具栏中的 ▨来进行求解。

（5）HFSS 的数据后处理操作。

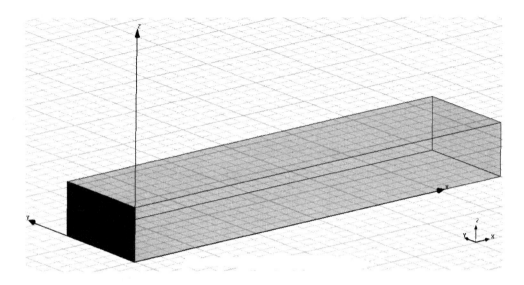

图 21-4 设置激励

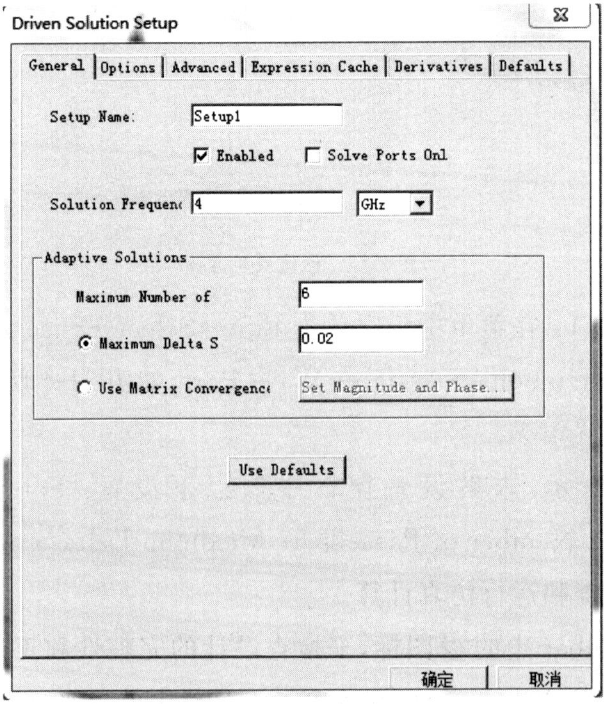

图 21-5 设置求解频率

场方向图：通过 HFSS 软件可以创建波导的电场幅度和矢量图。

电场幅度图：在菜单栏单击 HFSS→Field→Plot Field→Mag_E。在创建场图的窗口做以下设置：Solution：Setup1：LastAdptive；Quantity：Mag_E；In Volume：All。

电场矢量图：在菜单栏单击 HFSS→Field→Plot Field→Vector_E。在创建场图的窗口做以下设置：Solution：Setup1：LastAdptive；Quantity：Mag_E；In Volume：All，结果如图 21-6 所示。

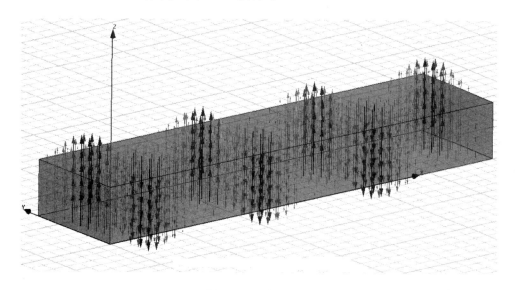

图 21-6　电场矢量图

在菜单栏单击 VIEW→Animate，便可将波导中的电场幅度以云图的形式绘制出来。

21.6　实验报告要求

（1）写出仿真的简要步骤，包括画图、设置填充材料、设置源和边界条件、设置求解参数。

（2）以云图的形式画出波导的电场幅度。

实验二十二

魔T的设计与仿真

22.1　实验目的

（1）熟悉设计波导分支器的方法。

（2）掌握魔 T 的设计方法及其 S 参数及场分布图的分析。

（3）掌握 HFSS 软件，加强对相关知识的理解，提高在射频领域的应用能力。

22.2　实验仪器

微型计算机、高频仿真 Ansoft 软件 HFSS。

22.3　实验原理

将微波能量从主波导中分路接出的元件称为波导分支器，它是微波功率分配器件的一种，常用的波导分支器有 *E* 面 T 型分支、*H* 面 T 型分支和匹配双 T。

（1）E-T 分支

E 面 T 型分支器是在主波导宽边面上的分支，其轴线平行于主波导的 TE_{10} 模的电场方向，简称 E-T 分支。其结构及等效电路如图 22-1 所示，由等效电路可见，E-T 分支相当于分支波导与主波导串联。它的传播特性为当微波信号从端口③输入时，平均地分给端口①、②，但两端口是等幅反相的；当信号从端口①、②反相激励时，则在端口③合成输出最大；而当同相激励端口①、②时，端口③将无输出。

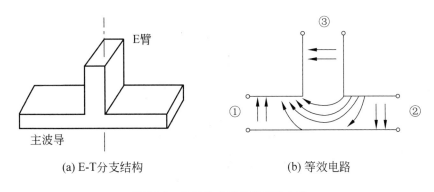

(a) E-T分支结构　　　　(b) 等效电路

图 22-1　E-T 分支结构及等效电路

（2）H-T 分支

H-T 分支是在主波导窄边面上的分支，其轴线平行于主波导 TE_{10} 模的磁场方向，其结构及等效电路如图 22-2 所示，它的传播特性为当微波信号从端口③输入时，平均地分给端口①、②，这两端口得到的是等幅同相的 TE_{10} 波；当在端口①、②同相激励时，端口③合成输出最大，而当反相激励时端口③将无输出。

将 E-T 分支和 H-T 分支合并，并在接头内加匹配以消除各路的反射，则构成匹配双 T，也称为魔 T，如图 22-3 所示。

魔 T 是一种典型的四端口元件，其散射矩阵为如下形式：

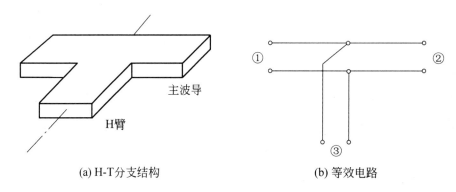

(a) H-T分支结构   (b) 等效电路

图 22-2　H-T 分支结构及等效电路

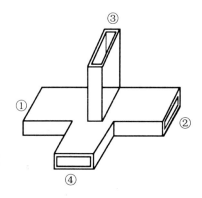

图 22-3　魔 T 的结构

$$\boldsymbol{S} = \frac{1}{\sqrt{2}} \begin{bmatrix} 0 & 0 & 1 & 1 \\ 0 & 0 & -1 & 1 \\ 1 & -1 & 0 & 0 \\ 1 & 1 & 0 & 0 \end{bmatrix} \tag{22.1}$$

观察魔 T 的散射矩阵,可以看到魔 T 的主要特性:

- 任何端口都与外接传输线相匹配;3、4 匹配之后,1、2 自动匹配;

- 3、4 臂相互隔离;1、2 臂相互隔离;

- 3 输入:1、2 等幅、反相输出,4 无输出;

- 4 输入:1、2 等幅、同相输出,3 无输出;

- 1、2 均有输入:3 输出差信号,4 输出和信号。

22.4　实验内容

（1）基于微波元器件的理论基础，设计一个魔 T。

（2）查看魔 T 放入 S 参数并分析场分布图。

22.5　实验步骤

（1）建立工程文件。

在菜单栏 Tool→Options→HFSS Options 中将 Duplicate Boundaries with geometry 复选框选中，这样使得在复制模型时，所设置的边界一起复制，如图 22-4 所示。

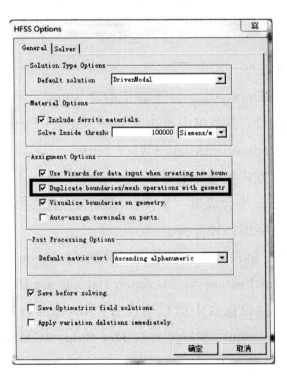

图 22-4　边界复制设置

（2）设置模型单位。

从主菜单选择命令 Modeler→Units。将 Set Model Units 对话框打开，选择（mm）单位，如图 22-5 所示。

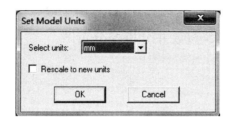

图 22-5　模型单位设置

（3）设置模型的默认材料。

在工具栏中设置模型的默认材料为真空，如图 22-6 所示。

图 22-6　材料设置

（4）创建魔 T 模型。

① 利用菜单栏 Draw→Box 创建魔 T 的臂 arm_1。

② 设置激励端口：在菜单中单击 Edit→Select→Faces 选择 arm_1 的上表面，HFSS→Excitations→Assign→Wave Port。

③ 利用旋转的方式创建其他臂 arm_2,arm_3,arm_4。

④ 将所有的 arm 组合成为一个模型，即魔 T 创建完成，如图 22-7 所示。

⑤ 设置求解频率即扫频范围。

设置求解频率。解设置窗口中做以下设置：Solution Frequency：4GHz；Maximun Number of Passes：5；Maximun Delta S per Pass：0.02。

设置扫频。在扫频窗口中做以下设置：Sweep Type：Fast；Frequency Setup Type：Linear Count；Start：3.4GHz；Stop：4GHz；Count：1001；然后将 Save Field 复选框选中。

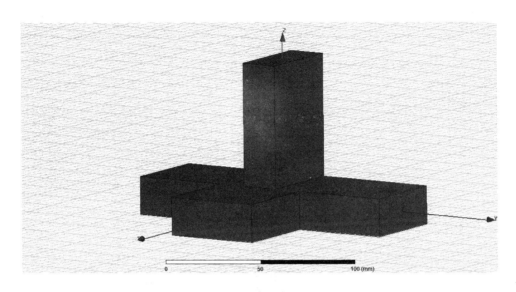

图 22-7　魔 T 模型图

⑥ 设计检查和运行仿真计算。

完成模型的创建及求解设置后，再从主菜单中选择 HFSS-Validation Check，或者单击 3D toolbar 中的 图标，来检查设计的完整性和正确性。

⑦ HFSS 的数据后处理操作。

• S 参数（反射系数）。

在仿真计算结束后，查看魔 T 的 S 参数，包括 S_{11}、S_{12}、S_{13} 和 S_{14}。单击菜单栏 HFSS→Result→Create Modal Solution Data Report→Rectangular。

Trace 窗口作如下设置：

Solution：Setup1：Sweep1；

Domain：Sweep；

Category：S parameter；

Quantity：S(p1,p1)，S(p1,p2)，S(p1,p3)，S(p1,p4)；

Function：dB，然后单击 New Report 按钮完成操作，如图 22-8 所示。

• 场方向图。

在菜单栏单击 HFSS→Field→Plot Field→Mag_E。在创建场图的窗口

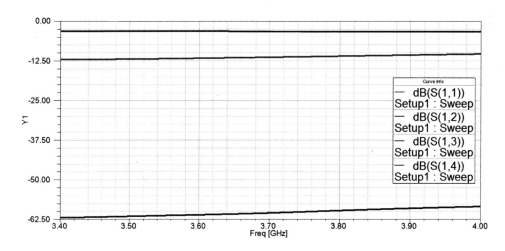

图 22-8　S 参数曲线

做以下设置：Solution：Setup1：LastAdptive；

Quantity：Mag_E；

In Volume：All。然后单击 Done 按钮完成操作。修改场点的显示特性，在菜单栏单击 View→Animate，便可将魔 T 中的电场幅度以云图的形式绘制出来。

22.6　实验报告要求

（1）写出仿真的简要步骤，包括画图、设置填充材料、设置源和边界条件、设置求解参数。

（2）画出魔 T 四个端口分别激励时的每个端口的反射系数。

（3）以云图的形式画出波导的电场幅度。

实验二十三

半波偶极子天线的仿真设计

23.1 实验目的

(1) 以一个简单的半波偶极子天线设计为例,加深对对称阵子天线的了解。

(2) 熟悉 HFSS 软件分析和设计天线的基本方法及具体操作。

(3) 利用 HFSS 软件仿真设计以了解半波振子天线的结构和工作原理。

(4) 通过仿真设计掌握天线的基本参数:频率、方向图和增益等。

23.2 实验仪器

微型计算机、高频仿真 Ansoft 软件 HFSS。

23.3 实验原理

对称振子是中间馈电,其两臂为由两段等长导线构成的振子天线,如图 23-1 所示。一臂的导线半径为 a,长度为 l。两臂之间的间隙很小,理论上可以忽略不计,所以振子总长度 $L=2l$。对称振子的长度与波长相比拟,本身已可以构成实用天线。

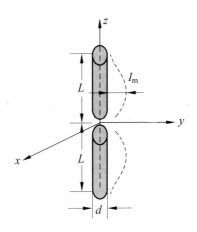

图 23-1 对称阵子天线结构

天线上的电流可以近似的认为是按正弦分布。取右图的坐标,并忽略振子损耗,则其电流分布可以表示为:

$$I = I_{\mathrm{m}} \sin k(L - |z|) \tag{23.1}$$

其中,I_{m} 为电流驻波的波腹电流,$k = \dfrac{2\pi}{\lambda}$。利用电流元的远区场公式即可直接计算对称天线的辐射场。

已知电流元 $I \mathrm{d}z'$ 产生的远区电场强度为:

$$\mathrm{d}E_{\theta} = \mathrm{j} \frac{ZI \mathrm{d}z' \sin\theta}{2\lambda r'} \mathrm{e}^{-\mathrm{j}kr'} \tag{23.2}$$

由于 $r \gg L$,可以认为组成对称天线的每个电流元对于观察点 P 的指向相同(如图 23-2 所示),各个电流元在 P 点产生的远区电场方向也相同,合成电场为各个电流元远区电场的标量和,即

$$E_{\theta} = \int_{-L}^{L} \mathrm{j} \frac{ZI \mathrm{d}z' \sin\theta}{2\lambda \boldsymbol{r}'} \mathrm{e}^{-\mathrm{j}kr'} \tag{23.3}$$

由于 $\boldsymbol{r}' /\!/ \boldsymbol{r}$,可以认为 $\boldsymbol{r}' = \boldsymbol{r} - z' \cos\theta$。若周围为理想介质,则远区辐射电场为:

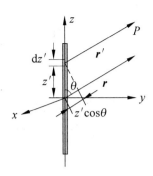

图 23-2　对称阵子天线模型

$$E_\theta = \mathrm{j}\,\frac{60 I_{\mathrm{m}}}{r}\,\frac{\cos(kL\cos\theta) - \cos kL}{\sin\theta}\,\mathrm{e}^{-\mathrm{j}kr} \tag{23.4}$$

方向性因子为：

$$f(\theta) = \frac{\cos(kL\cos\theta) - \cos kL}{\sin\theta} \tag{23.5}$$

$|f(\theta)|$ 是对称振子的 **E** 面方向函数，它描述了归一化远区场 $|E_\theta|$ 随 θ 角的变化情况。图 23-3 分别画出了四种不同电长度（相对于工作波长的长度）$\dfrac{2h}{\lambda} = \dfrac{1}{2}$ 和 2 的对称振子天线的归一化 **E** 面方向图，其中 $\dfrac{2h}{\lambda} = \dfrac{1}{2}$ 的对称振子称为半波对称振子。由图 23-3 可见，而当电长度趋近于 2 时，在 $\theta = 90°$ 平面内就没有辐射了。

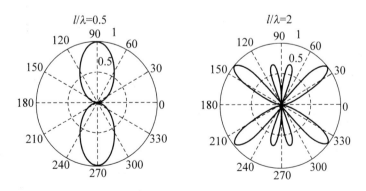

图 23-3　对称振子天线的归一化 **E** 面方向图

由于 $|f(\theta)|$ 不依赖于 φ，所以 **H** 面的方向图为圆。

23.4　实验内容

（1）设计一个中心频率为 3GHz 的半波振子天线基本结构。

（2）使用 HFSS 软件建模，并选取合适的参数，对其参数进行优化仿真。

23.5　实验步骤

本次实验设计一个中心频率为 3GHz 的半波偶极子天线。天线沿着 Z 轴放置，中心位于坐标原点，天线材质使用理想导体，总长度为 0.48λ，半径为 $\lambda/200$。天线馈电采用集总端口激励方式，端口距离为 0.24mm，辐射边界和天线的距离为 $\lambda/4$。

（1）添加和定义设计变量。

参考指导书，在 Add Property 对话框中定义和添加如下变量，如图 23-4 所示。

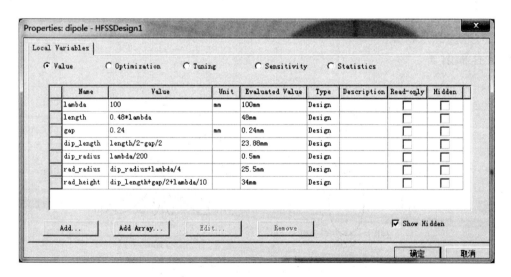

图 23-4　变量设置

（2）设计建模。

· 创建偶极子天线模型。

首先创建一个沿 Z 轴方向放置的细圆柱体模型作为偶极子天线的一个臂,其底面圆心坐标为 $(0,0,\text{gap}/2)$,半径为 dip_radius,长度为 dip_length,材质为理想导体,模型命名为 Dipole,如图 23-5 所示。

Name	Value	Unit	Evaluated Value	Description
Command	CreateCylinder			
Coordinate System	Global			
Center Position	0mm ,0mm ,gap/2		0mm , 0mm , 0.12mm	
Axis	Z			
Radius	dip_radius		0.5mm	
Height	dip_length		23.88mm	
Number of Segments	0		0	

图 23-5　天线尺寸设置

然后通过沿着坐标轴复制操作生成偶极子天线的另一个臂。此时就创建出了偶极子的模型如图 23-6 所示。

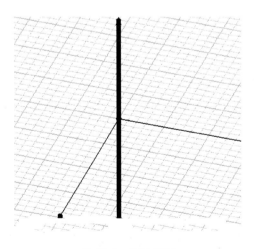

图 23-6　天线模型

• 设置端口激励

半波偶极子天线由中心位置馈电,在偶极子天线中心位置创建一个平行于 **YZ** 面的矩形面作为激励端口平面,并设置端口平面的激励方式为集总端口激励。该矩形面需要把偶极子天线的两个臂连接起来,因此顶点坐标为$(0, -dip\_radius, -gap/2)$,长度和宽度分别为 $2 * dip\_radius$ 和 gap,如图 23-7 所示。

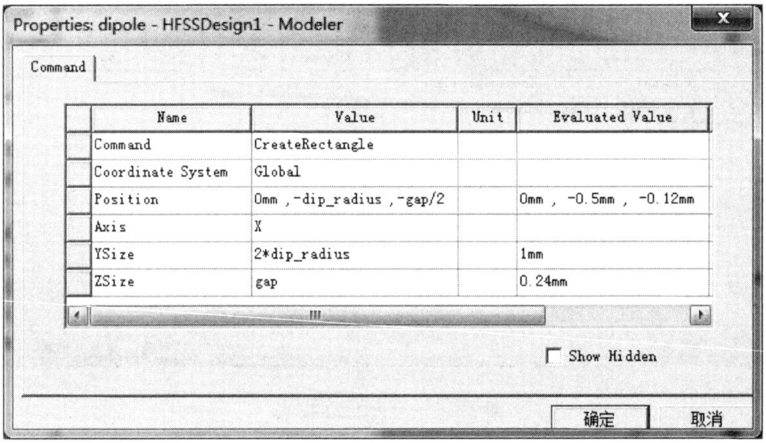

图 23-7　端口设置

然后设置该矩形面的激励方式为集总端口激励。由之前的理论分析可得,半波偶极子天线的输入阻抗为 73.2Ω,为了达到良好的阻抗匹配,将负载阻抗也设置为 73.2Ω。

随后进行端口积分线的设置。此处积分线为矩形下边缘中点到矩形上边缘中点,如图 23-8 所示。

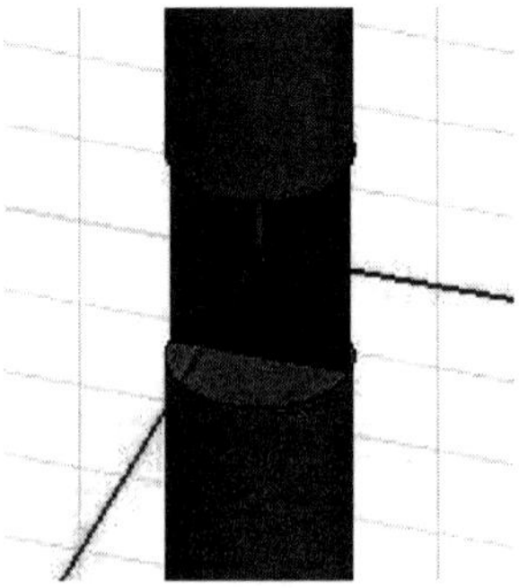

• 设置辐射边界条件。

要在仿真软件中计算分析天线的辐射场,必须先设置辐射边界条件。本次设计中采用辐射边界和天线的距离为 1/4 个工作波长。这里,先创建一

图 23-8　端口激励模型

个沿着 Z 轴放置的圆柱体模型，其材质为空气，底面圆心坐标为（0,0,－rad_height），半径为 rad_radius，高度为 2 * rad_height，如图 23-9 所示，具体参数如下。

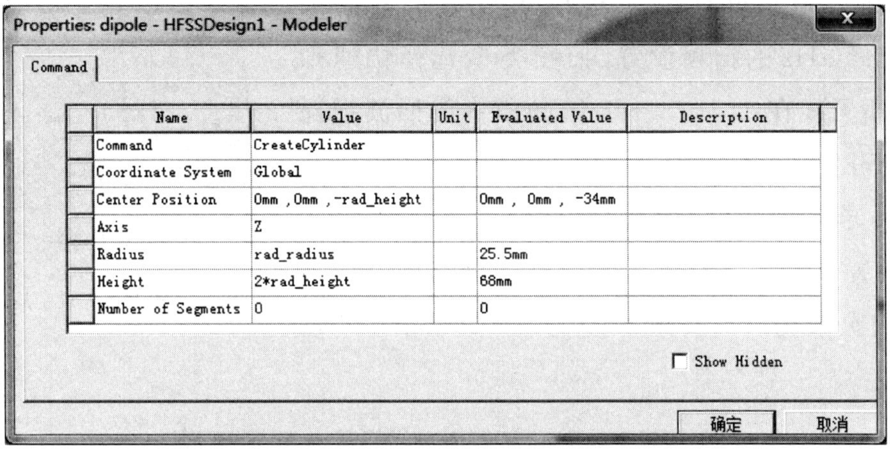

图 23-9　辐射边界尺寸设置

然后将圆柱体表面设置为辐射边界条件，如图 23-10 所示。

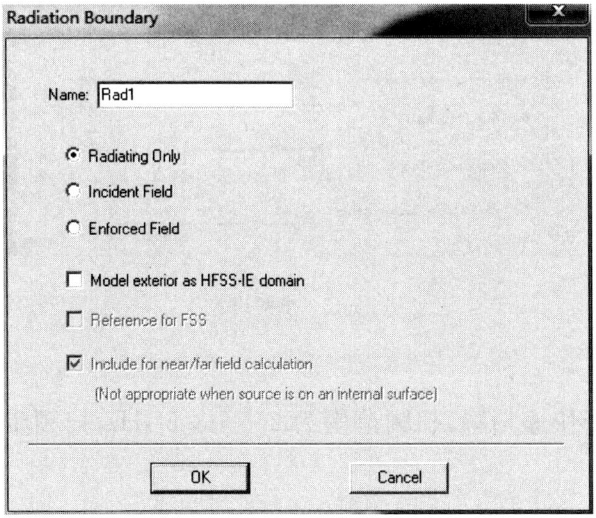

图 23-10　辐射边界设置

辐射边界设定后如图 23-11 所示。

（3）求解设置。

分析的半波偶极子天线的中心频率在 3GHz 左右，所以把求解频率设置为 3GHz。同时添加 2.5～3.5GHz 的扫频设置，扫频类型选择快速扫频，分析天线在 2.5～3.5GHz 频段内的回波损耗和电压驻波比。

• 求解频率和网络剖分设置。

设置求解频率为 3GHz，自适应网格剖分的最大迭代次数为 20，收敛误差为 0.02，如图 23-12 所示。

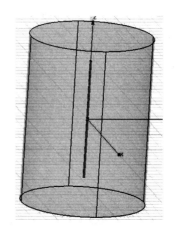

图 23-11　辐射边界设定后模型

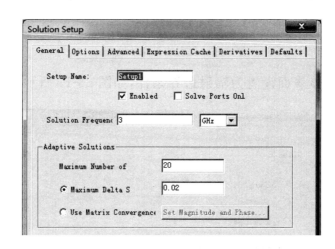

图 23-12　求解设置

• 扫频设置。

扫频类型选择快速扫频，扫频范围为 2.5～3.5GHz，扫频步进为 0.001GHz，如图 23-13 所示。

• 设计检查和运行仿真计算。

通过前面的操作，已经基本完成了偶极子天线模型的创建求解设置等

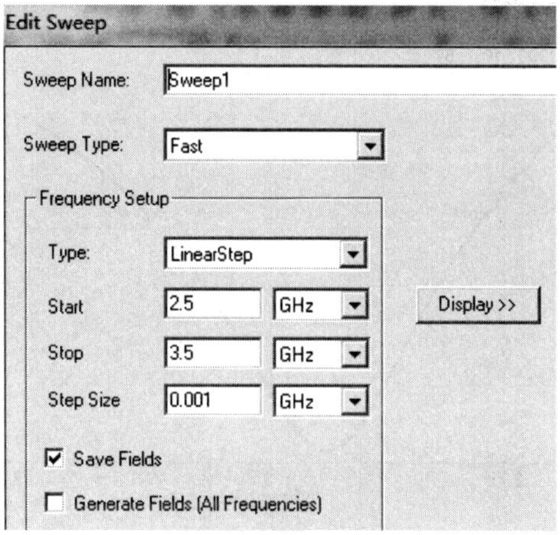

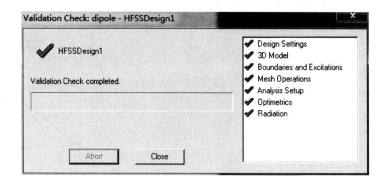

图 23-13　扫频设置

HFSS 设计的前期工作,现在开始运行仿真计算并查看分析结果。检查设计的完整性和正确性,如图 23-14 所示。

图 23-14　设计检查

检查没有错误后,随后开始分析。

- HFSS 天线问题的数据后处理。

在完成了模型的创建和检查后,现在开始对天线的各项性能参数进行仿真分析,主要有回波损耗、驻波比、输入阻抗和方向图等。

根据软件仿真结果,可以得到如下的在 $2.5\sim3.5\mathrm{GHz}$ 频段内的回波损耗 S_{11} 的分析结果,如图 23-15 所示。

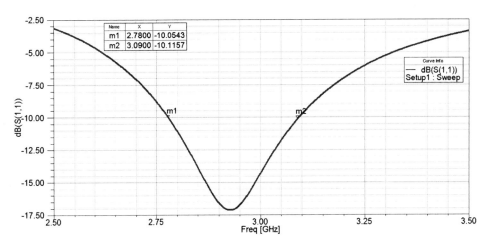

图 23-15　回波损耗曲线

从结果可以看出,设计的偶极子天线中心频率为 3GHz 左右,$S_{11} < -10$dB 的相对带宽为 BW=(3.24-2.789)/3=15.3%。

电压驻波比曲线如图 23-16 所示。

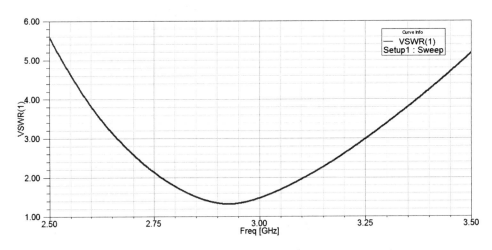

图 23-16　驻波比曲线

输入阻抗是天线的一个重要性能参数,可以通过 HFSS 直接查看天线的输入阻抗值,如图 23-17 所示。

从结果报告中可以看出,设计的半波偶极子天线在中心频率 3GHz 上,输入阻抗为(72.8-j0.4)Ω,与理论分析比较接近。

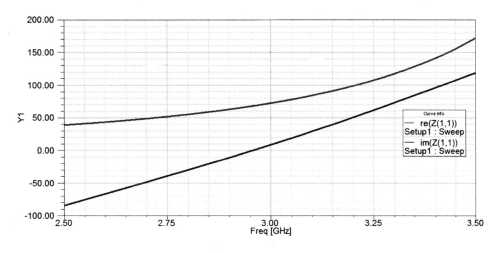

图 23-17　输入阻抗曲线

天线方向图是方向性函数的图形表示，它可以形象地描述天线的辐射特性随着空间方向坐标的变化。首先定义辐射表面如下。

E 面和 *H* 面方向图参数设置，如图 23-18 所示。

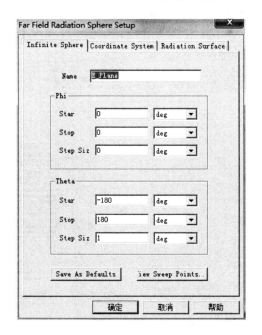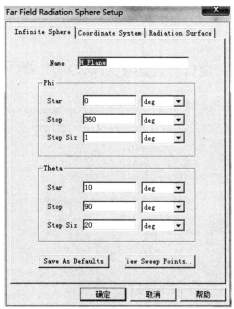

图 23-18　*E* 面和 *H* 面方向图设置

3D 方向图参数设置如图 23-19 所示。

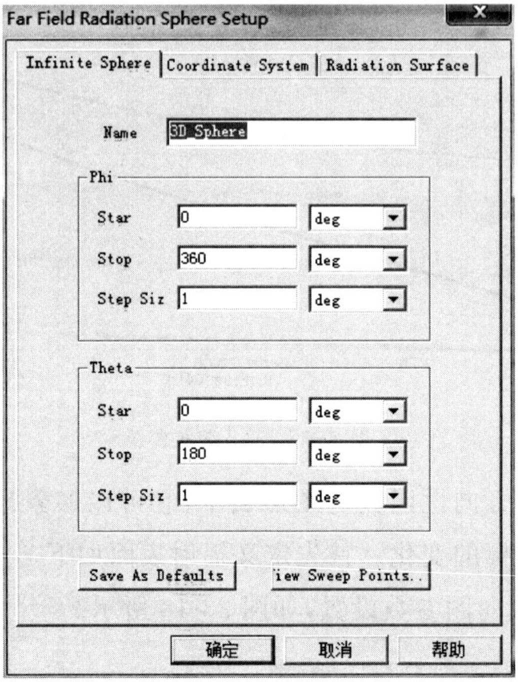

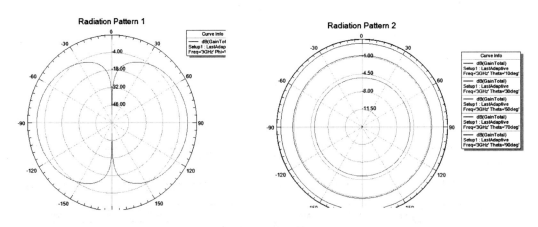

图 23-19 三维方向图设置

随后可以查看 XOZ, XOY 和三维增益方向图,如图 23-20 所示。

图 23-20 方向图结果图

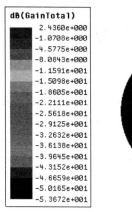

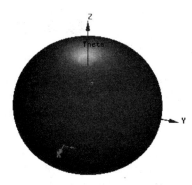

(a) *XOZ*增益方向图　　　　(b) *XOY*增益方向图

图 23-20　（续）

23.6　实验报告要求

（1）写出仿真的简要步骤，包括画图、设置填充材料、设置源和边界条件、设置求解参数。

（2）给出设计的对称阵子天线的回波损耗、驻波比以及输入阻抗随频率的变化图，并给出该天线的频率范围。

参 考 文 献

[1] 谢处方,饶克谨.电磁场与电磁波.4 版.北京:高等教育出版社,2006.

[2] 何红雨.电磁场数值计算法与 MATLAB 实现.武汉:华中科技大学出版社,2004.

[3] 赵家升,杨显清,王园等.电磁场与波.成都:电子科技大学出版社,1997.

[4] JMX-JY-02 电磁波综合实验仪用户手册.成都市金明星科技有限公司.

[5] 宋铮,张建华,唐伟,等.微波技术与天线.西安:西安电子科技大学出版社,2011.

[6] 刘学观,郭辉萍.微波技术与天线.3 版.西安:西安电子科技大学出版社,2012.

[7] 廖承恩.微波技术基础.北京:国防工业出版社,1994.

[8] 赵春晖.现代微波技术基础.哈尔滨:哈尔滨工程大学出版社,2000.

[9] AT-RF3030 射频教学实验模块实验参考书.南京国睿安泰信科技股份有限公司.

[10] 谢拥军,刘莹,李磊.HFSS 原理与工程应用.北京:科学出版社,2009.

[11] 徐兴福.HFSS 射频仿真设计实例大全.北京:电子工业出版社,2015.